烹调工艺与营养专业系列教材

蛋糕西饼制作教程

王晓强　杨文娟　主编

中国财富出版社有限公司

图书在版编目（CIP）数据

蛋糕西饼制作教程 / 王晓强，杨文娟主编 .—北京：中国财富出版社有限公司，2021. 2

（烹调工艺与营养专业系列教材）

ISBN 978-7-5047-7277-0

Ⅰ. ①蛋…　Ⅱ. ①王…②杨…　Ⅲ. ①蛋糕—糕点加工—教材　Ⅳ. ①TS213. 23

中国版本图书馆 CIP 数据核字（2021）第 023838 号

策划编辑	李　丽	**责任编辑**	张红燕　崔晨芳		
责任印制	尚立业	**责任校对**	孙丽丽	**责任发行**	杨　江

出版发行	中国财富出版社有限公司		
社　　址	北京市丰台区南四环西路188号5区20楼	**邮政编码**	100070
电　　话	010-52227588 转 2098（发行部） 010-52227588 转 100（读者服务部）		010-52227588 转 321（总编室） 010-52227588 转 305（质检部）
网　　址	http: // www. cfpress. com. cn	**排　　版**	宝蕾元
经　　销	新华书店	**印　　刷**	天津市仁浩印刷有限公司
书　　号	ISBN 978-7-5047-7277-0 / TS · 0109		
开　　本	787mm × 1092mm　1/16	**版　　次**	2021 年 3 月第 1 版
印　　张	13.25	**印　　次**	2021 年 3 月第 1 次印刷
字　　数	282 千字	**定　　价**	59. 00 元

前言

进入 21 世纪以来，人民生活水平不断提高，饮食结构也发生了很大的变化，特别是对营养比较均衡的西式点心的需求急剧增加。现在，精美的面包、蛋糕等西式点心已经走入“寻常百姓家”，成为人们日常饮食的一部分。市场的需求必将带动产业的发展，也对西点从业人员的生产技能提出更高的要求。

本书从生产实际出发，对西点制作中常用的原材料、生产工艺、制作技术做了系统的整理和阐述，同时结合作者多年的工作经验，对生产制作中的重点、难点做了详细的分析和说明。本书最大的特色是将生产理论与实际制作中所遇到的问题紧密结合，书中所列产品配方借鉴了 2006 年后我国珠三角地区各西点食品企业和饭店的生产资料。

本书是根据国家职业标准对西式面点师的要求编写的，可作为高职高专、中职相关专业的教材，也可作为职业培训教材。本书配有大量的说明图片，便于初学者学习，是西点从业人员和点心制作爱好者的“良师益友”。书中收集的产品配方非常系统、齐全，可直接作为面包店和饭店的产品菜单使用。本书还对点心风味做了充分分析，读者只要依照书中的做法，就能非常容易地学会制作精美的西式点心。

本书在编写过程中，得到了广州市多家饭店和西点食品企业的帮助，他们为本书的编写提供了大量的资料、制作设备和材料，在此表示衷心的感谢，同时对肖艾雄先生及其团队、熊居煌先生及其研发团队的支持表示感谢。

王晓强

2020 年 10 月

目 录

第一章 入门指导

第一节 蛋糕西饼制作常用设备

1. 烤炉

在西点制作中，烤炉为主要的加热工具，常见的是隔层式烤炉。隔层式烤炉是目前烘焙业广泛使用的烤炉之一，其各层烤室相互独立，每层烤室的底火与面火分别控制，可实现多种制品同时烘焙。这种烤炉有电热烤炉和燃气烤炉两种。

（1）电热烤炉

电热烤炉以远红外电热管为加热组件，上下各层按功率排布，并装有炉内热风强制循环装置，使炉膛内各处温度保持均匀一致。在控制面板上都装有上下火温控制器、定时报警器、观察灯开关等，方便操作。目前我国小型饼屋、酒店及宾馆普遍采用这一类烤炉。

（2）燃气烤炉

燃气烤炉以液化石油气为能源，它一般采用比较先进的液晶电子仪表控制上下火温，炉内还设计有隔层式的运气通道、常闭自动电磁阀、防泄漏的点火及报警装置。此类烤炉首先解决了用电热烤炉需要三相交流电的问题，并且节能节电，特别是在商业区，成本优势更加明显。

燃气烤炉

重点难点分析

（1）在使用烤炉烘烤制品时，一定要等烤炉温度升到要求的温度时才能放入制品烤，原因是烤炉温控器测出的温度是烤炉内的平均温度，烤炉在加热时，上层加热装置附近的温度远远大于实际温度，特别是燃气烤炉，最为明显。初学者常犯这样的错误，在炉温还没有升至所需要的温度时就放入制品，结果烘烤出来的产品，表面像在火上烧烤过一样焦黑。

（2）燃气烤炉在点火前要先打开炉门，散去炉内的气体，这是为了防止燃气溢出，点火后发生爆炸。同理，燃气烤炉如果连续点火失败、报警后，也要打开炉门，释放炉内溢出的气体，防止事故发生。

（3）在制作蛋糕西饼时，最好选择底火和面火温度可调节的烤炉，烘烤蛋糕最好用燃气烤炉，原因是燃气烤炉火力比较“猛”。西点饼干最好用电热烤炉，电热烤炉火力比较均匀。

2. 多功能搅拌机

多功能搅拌机又称打蛋机、搅拌机，主要用来搅打蛋糕面糊、混合物料。多功能搅拌机一般都有高速、中速、慢速三级变速功能，可以根据实际需要进行调节。

多功能搅拌机都配有球形搅拌器、扇形搅拌器和钩形搅拌器，它们的作用各不相同。球形搅拌器主要用于搅拌蛋液、蛋糕面糊等黏度较低的物料；扇形搅拌器适合搅拌膏状物料，如各种馅料，这类物料不需要打发，混合均匀即可；钩形搅拌器适合搅拌高黏度的物料，如少量筋性面团。

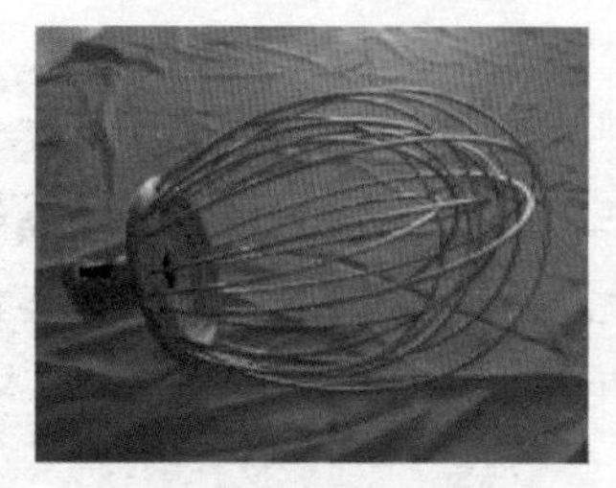
球形搅拌器

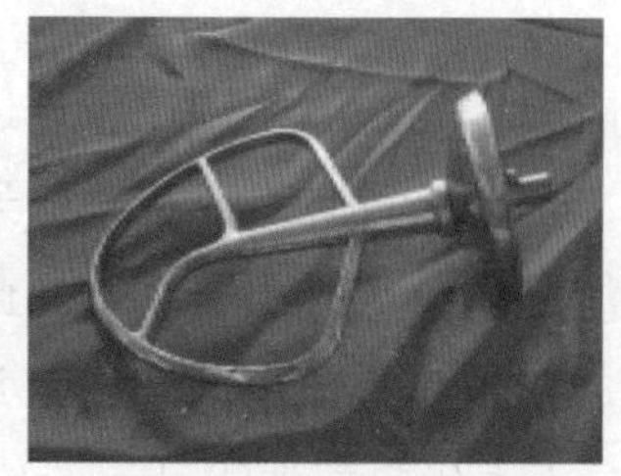
扇形搅拌器

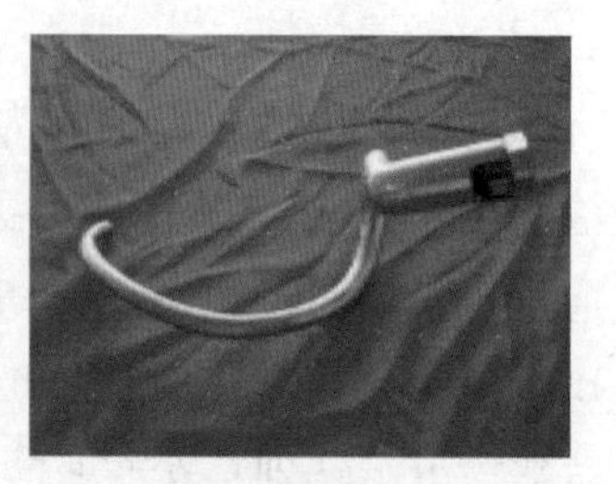
钩形搅拌器

多功能搅拌机根据搅拌桶的容积，分为不同的型号，常见的有两种：20 升立式搅拌机和 5 升桌面型搅拌机。20 升立式搅拌机主要用来搅拌蛋糕面糊和馅料。5 升桌面型搅拌机主要用来打发鲜奶油。

20 升立式搅拌机

5 升桌面型搅拌机

重点难点分析

（1）20 升立式搅拌机一次搅拌蛋液不要超过 2500 克，5 升桌面型搅拌机在搅打鲜奶油时一次不要超过 1000 克。

（2）多功能搅拌机在变速时，一定要做到停机变速，不能为了方便在机器运转情况下变速，这样会造成变速齿轮磨损，从而损坏机器设备。

3. 高速面团搅拌机

高速面团搅拌机主要用来搅拌筋度较高的面团，如面包面团、松饼面团等。这类机器要求输出功率比较大，额定电压多为 380V，在选择机器时，尽量选择有高、低速两种功能，有正、反转功能的机器。这是因为在搅拌面包面团、松饼面团时，物料混合阶段特别需要反转功能。

高速面团搅拌机

起酥机

4. 起酥机

起酥机又叫开酥机，多用于制作丹麦松质面包、清酥类点心。点心面团在起酥机上经过反复碾压，压成所需要的薄片。与传统手工方式相比，用起酥机制作点心面坯有厚薄均匀、表皮不易破裂、省时省力等优点。

（1）操作人员不能把手伸过轧辊两端的保护栏，这样很容易因传送带的惯性把手臂带入轧辊，造成意外。

（2）在上部轧辊两侧，有两个装面粉的窝槽，窝槽中的面粉是防止轧辊黏滞所碾压的制品的，要保持面粉充足，同样在碾压的制品上也要适量撒一些手粉，防止粘连。

（3）不能用刀具在传送带上切割面团，如果传送带出现裂纹，很快就会断裂。

5. 冷柜和冷库

冷柜是制作西点必不可少的设备，大部分西点制品都需要冷冻后成型，另外，半成品馅料也需要冷冻贮藏。

家庭用的冰箱并不适合西点制作，无论是清洗还是存放物料，都不方便。小型饼屋多采用不锈钢冷柜，不锈钢冷柜的每个冷冻室都设有可调节的网架结构，可根据需要调节，充分利用空间。

大中型企业则建有专用冷库，冷库制冷效率高且节约能源，使用方便。冷库都配有专用的货架，物品存放、进出都比较方便，省时省力。

四门不锈钢冷柜

小型冷库

6. 工作台

工作台是西点制作必不可少的设备，常见的有不锈钢工作台、木质工作台、大理石工作台。不锈钢工作台光滑平整、容易清洁，最适合面包成型，日常工作也比较方便，为大多食品厂所采用。大理石工作台表面光滑平整，适合制作巧克力、糖艺制品。

木制工作台适合制作丹麦面包、清酥类点心，但是不适合面包成型。

第二节　蛋糕西饼制作常用的工具

1. 台秤

西点配方的比例非常重要，一定要准确称量，常用的称量工具是台秤，有弹簧秤和电子秤两种。

弹簧秤使用方便，不容易损坏，可以选择最大称重为 4000 克、最小称重为 50 克的型号，主要用来称量 100 克以上的物料。

电子秤精度高，能达到 1 克，主要用来称量 2000 克以下的物料。电子秤多用于工厂，使用方便，但是容易损坏。

落地式电子磅秤的精度能达到 1 克，多用来称量 1000 克以上的物料，使用方便，多用于工厂。

小型电子秤的精度能达到 0.5 克，多用于称量 50 克以下的物料。

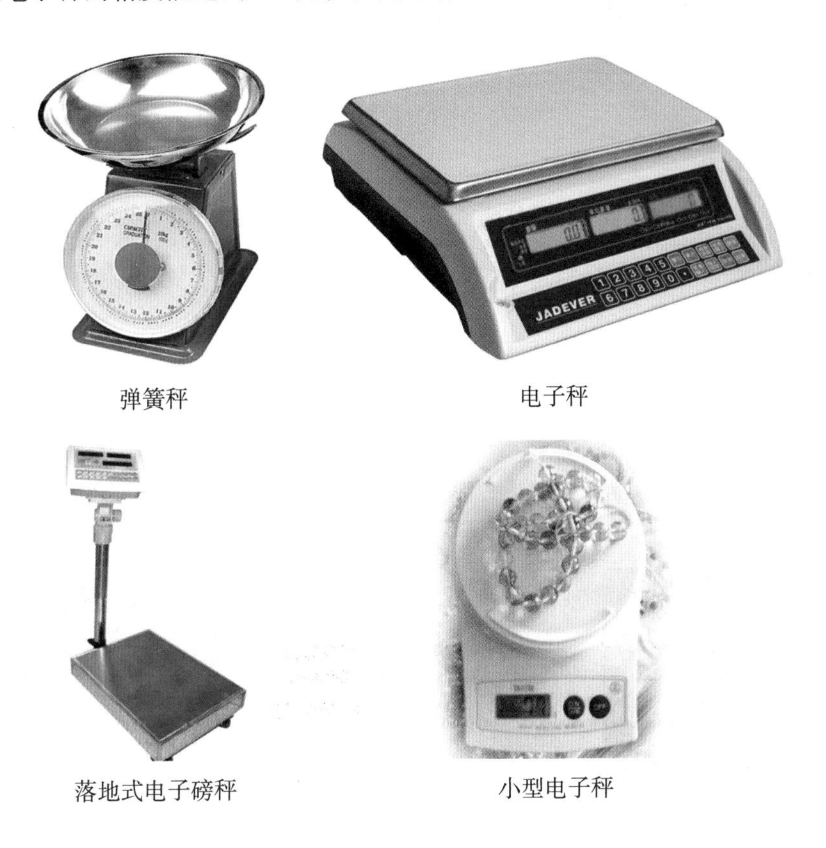

弹簧秤　　电子秤

落地式电子磅秤　　小型电子秤

2. 不锈钢物料盆

不锈钢盆使用比较方便，可以直接在火上加热，也比较卫生。

3. 量杯

量杯主要用来称量水、油、蛋液等液体物料，非常方便。使用时应注意：水的密度为1kg/m^3，食用油的密度约为0.9kg/m^3，蛋液的密度约等于1kg/m^3，在根据体积计算质量时要加以区别。

4. 温度计

常用的温度计有酒精温度计和电子温度计两种，电子温度计不易破碎，携带方便，比较常用。

不锈钢物料盆

量杯

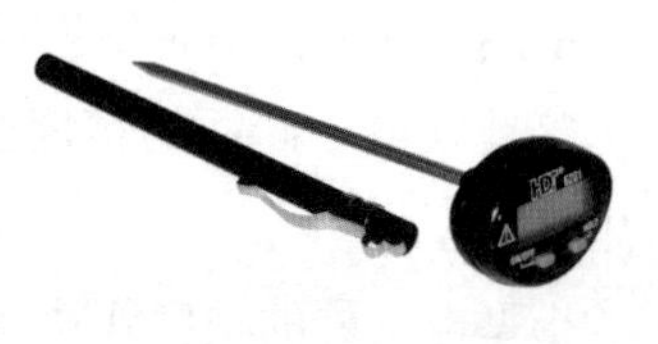
温度计

5. 抹刀

抹刀主要用来涂抹奶油或馅料。

6. 锯刀

锯刀主要用来切割西点制品。

7. 毛刷

毛刷主要用来扫蛋液。

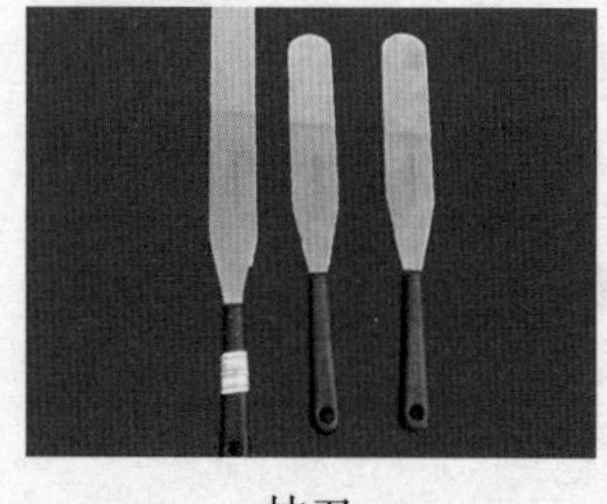
抹刀

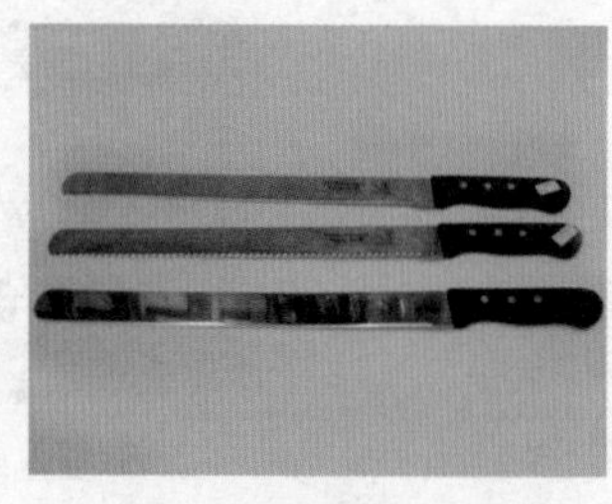
锯刀

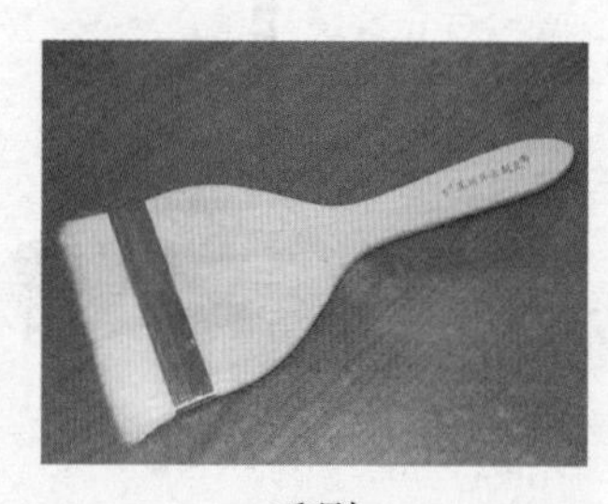
毛刷

8. 粉筛

粉筛用来筛除物料异物，使物料充分混合。

9. 刮板

刮板用来切割面团，清洁烤盘、模具等，用途非常多。

10. 裱花嘴

裱花嘴用来制作生日蛋糕。

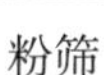
粉筛

刮板

裱花嘴

11. 裱花袋

裱花袋主要包括塑料裱花袋和布裱花袋，其中，布裱花袋多用于制作曲奇。

12. 擀面棍

擀面棍用于面包成型，红木材质的擀面棍比较好。

塑料裱花袋

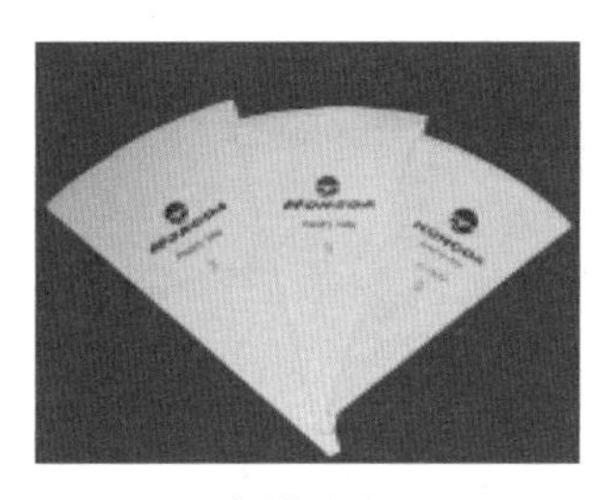
布裱花袋

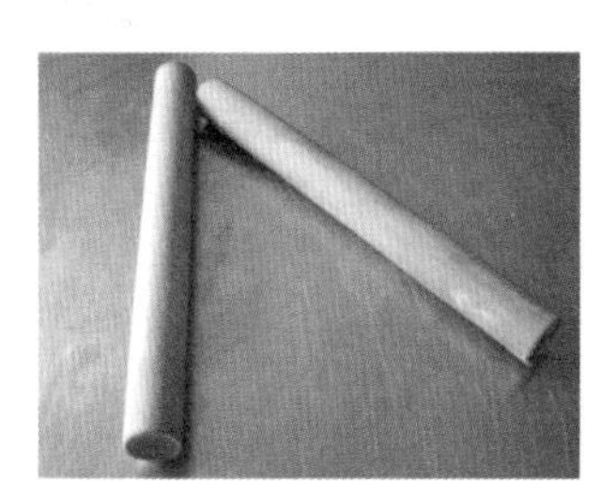
擀面棍

13. 酥棍

酥棍主要用来进行手工开酥。

14. 旋转盘

旋转盘用来装饰蛋糕。

15. 三角刮板

三角刮板用来制作装饰蛋糕的花纹。

16. 铲刀

铲刀用来制作巧克力花、移动制品。

17. 打蛋器

打蛋器用来混合物料、搅拌蛋液。

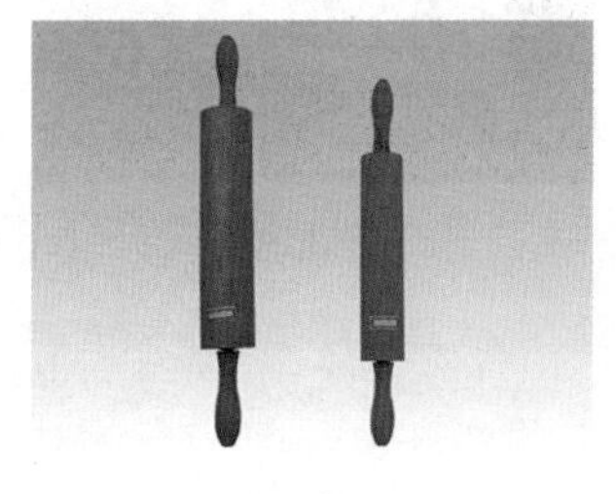
酥棍

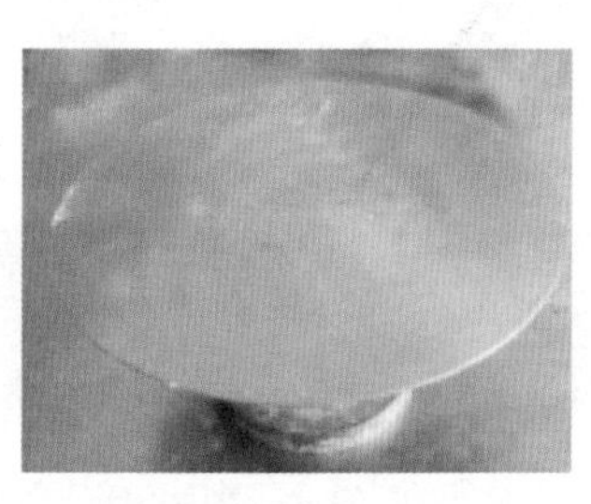
旋转盘

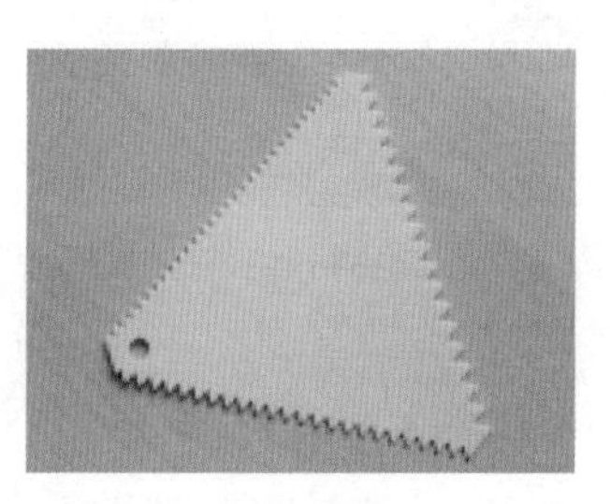
三角刮板

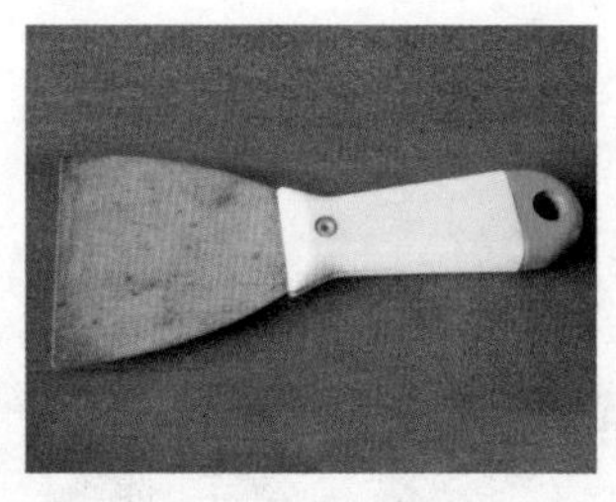
铲刀

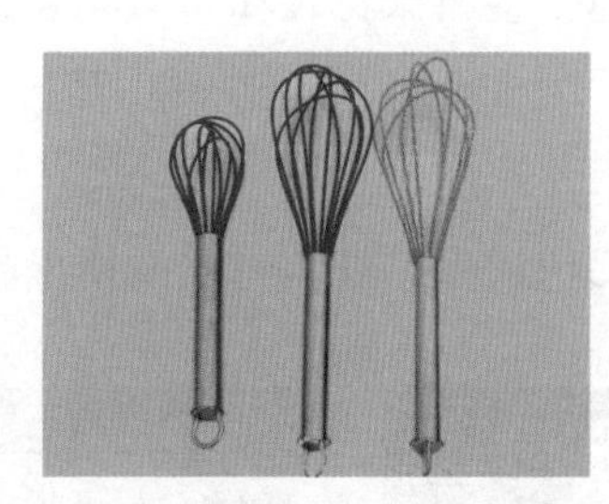
打蛋器

第三节 蛋糕西饼制作常用的成型模具

1. 烤盘

烤盘是烘烤西点制品的重要工具，烤盘的种类很多，常用的有直角深腰烤盘和圆角浅身烤盘。直角深腰烤盘多用于烘烤蛋糕，而圆角浅身烤盘多用于烘烤西饼、面包。

圆角浅身烤盘最好采用经过不粘处理的，如涂有“特氟龙”或表面有网纹设计的，这些烤盘使用时不需要扫油，做出来的西点不粘烤盘，容易脱模。

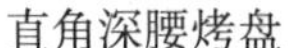

直角深腰烤盘

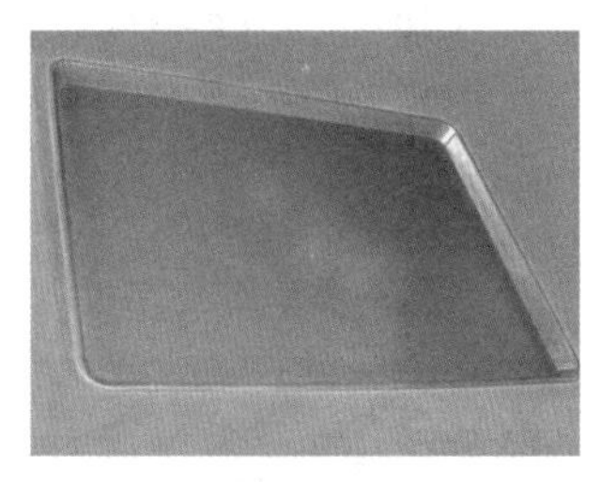

圆角浅身烤盘

表面有网纹设计的
圆角浅身烤盘

重点难点分析

普通新烤盘（不包括不粘烤盘）在使用前要经过清洁、涂油、烧烤等工序，使表面形成一层光亮坚固的油膜保护层，这样的烤盘在使用过程中才不会生锈，并且方便脱模。其处理程序如下：

（1）清洗烤盘：用洗洁精或热碱水将烤盘表面的污物清洗干净，再用清水冲洗，晾干水分。

（2）第一次加热处理：把烤盘放入炉中，以250℃的炉温烤30分钟，使烤盘表面形成一层氧化膜，取出晾凉。

（3）涂油：在烤盘表面均匀地扫上一层色拉油，色拉油的用量不能太多。

（4）第二次加热处理：将涂好油的烤盘放入炉中，以250℃的炉温烤30分钟，此时烤盘表面已经形成一层油亮的保护层。

2. 蛋糕模具

蛋糕模具多采用铝合金或不锈钢制作而成，也有用硅胶、牛油纸制成的。

蛋糕模具形状多样，有圆形、橄榄形、梅花形等。

铝合金模具

硅胶模具

牛油纸模具

圆形模具

橄榄形模具

梅花形模具

各种异形蛋糕模具

第二章 原材料知识

第一节 面粉

1. 面粉的种类

在西点制作中，常常根据面粉蛋白质含量即筋力强弱，把面粉分为三种：高筋三粉、中筋面粉、低筋面粉。全麦面粉是一种比较特殊的面粉。

高筋面粉、中筋面粉、低筋面粉对比

（1）高筋面粉

高筋面粉多用来制作面包，又叫面包粉。高筋面粉取自小麦靠近表皮的部位，因此颜色比低筋面粉深，用手抓一把面粉，手一张开，面粉会立即散开，手感比较粗糙。

（2）中筋面粉

中筋面粉一般用来制作各式中点，如包子、馒头等，或者用来制作油脂类蛋糕、派、挞等西点。

（3）低筋面粉

低筋面粉取自小麦靠近中心的部位，因此颜色比高筋面粉白，用手抓一把面粉，手张开，面粉不会立刻散开，手感比较细腻，常用来制作蛋糕、饼干等。

全麦面粉

蛋糕专用粉是低筋面粉经过氯气漂白处理过的面粉。经过氯气处理，面粉会变得更白，面粉的 pH 值降低，面粉的吸水量增大，有利于蛋糕组织结构的稳定，做出的蛋糕更加疏松、细腻。

（4）全麦面粉

全麦面粉由整个麦粒研磨而成，主要用来制作全麦面包、饼干等。

全麦面粉含有胚芽油，容易变质，不易保存，开包后要尽快用完。

2. 面粉的化学组成

面粉主要由蛋白质、碳水化合物、脂肪、矿物质、水分等组成，此外还有少量的维生素和酶。

（1）蛋白质

小麦制粉后，保留在面粉中的蛋白质主要是醇溶蛋白和谷蛋白。醇溶蛋白和谷蛋白为贮藏蛋白质，是组成面筋的主要成分，二者的数量和比例关系决定着面筋质量，醇溶蛋白占蛋白质总量的 40%~50%，富有黏性、延展性和膨胀性。谷蛋白占小麦蛋白质总量的 35%~45%，决定面筋的弹性，其在面粉、面筋中的含量多少和质量好坏与蛋糕烘烤品质有关。

在调制面团时，蛋白质迅速吸水膨胀，在面团中形成牢固的面筋网络结构，与淀粉和其他非溶性物质一起形成湿面筋。在烘烤过程中，蛋白质遇热失去水分而变性，变性后的蛋白质失去原有的弹性和延展性，构成点心制品的骨架。

（2）碳水化合物

碳水化合物是面粉中含量最高的化学成分，主要包括淀粉、纤维素等。

淀粉约占面粉总量的 67%，淀粉不溶于冷水，但是淀粉与水形成的悬浮液遇热膨胀，形成糊状胶体，这就是淀粉的糊化作用。在蛋糕的制作中，常利用淀粉的糊化作用制作出不同风味的产品，如烫面蛋糕等。

纤维素坚韧、不溶于水、难消化，是与淀粉很相似的一种碳水化合物。小麦中的纤维素主要集中在麦麸中。面粉中麦麸含量过多，会影响点心的外观和口感，但是面粉中含有一定数量的纤维素有利于胃肠的蠕动，能促进人体对其他营养成分的消化和吸收。

（3）脂肪

面粉中的脂肪含量为 1%~2%，主要由不饱和脂肪酸组成，面粉中的脂肪容易氧化和水解而酸败，因此，为了使面粉的贮存期延长，在制粉时要去除脂肪含量高的胚芽，以减少面粉中脂肪的含量。

（4）矿物质

面粉中的矿物质含量是用灰分来表示的，面粉中灰分含量的高低是评定面粉品级的重要指标。我国国家标准规定，特制一等粉灰分含量不超过 0.70%，特制二等粉灰分含量不超过 0.85%，标准粉灰分含量不超过 1.10%，普通粉灰分含量不超过 1.40%。

（5）维生素

面粉中维生素含量比较少，主要含有维生素 B_1、维生素 B_2、维生素 B_5、维生素 E 和少量维生素 A，基本不含维生素 D、维生素 C。所以在制作点心时为了弥补面粉中维生素含量的不足，可添加人工合成维生素，优化点心的营养结构。

重点难点分析

制作西点蛋糕时，经常用淀粉来改善产品的组织和口感。常用的淀粉有玉米淀粉、变性淀粉、速溶淀粉等。

（1）玉米淀粉。玉米淀粉可提高黏稠度，其制品冷却后有凝胶的感觉。因此，玉米淀粉常添加到蛋糕制品里，使产品更加嫩滑，也可以用来加工奶油派和产品定型。

（2）变性淀粉。变性淀粉在加热时变得清澈透明，常用来制作果膏、果酱等。

（3）速溶淀粉。速溶淀粉是经过预先煮熟及胶化处理的淀粉，加冷水即变得黏稠，加热后反而会破坏产品本身的味道。目前，市面上常见的速溶吉士粉就是其中一种，一份速溶吉士粉可以搭配三份水，口味类似于奶黄馅，常用来制作馅料。

第二节 糖

糖和淀粉都属于碳水化合物，在西点中的作用主要是：

（1）增加制品甜味。

（2）增加制品表面的色泽。

（3）软化面筋结构，使产品的质地更加细腻。

（4）保持水分，延长产品货架寿命。

1. 砂糖

颗粒大的粗砂糖常用来制作面包，颗粒小的细砂糖适合制作蛋糕和西饼。

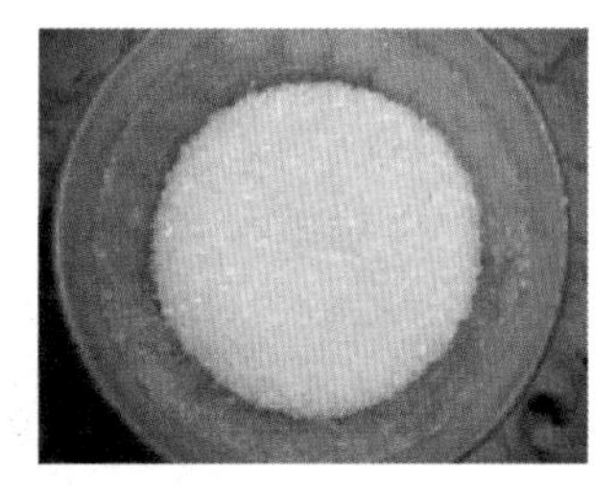

细砂糖

2. 糖粉

糖粉是将糖研磨成粉而制成的，为防止结块，常加入一定量的防潮淀粉（3%~5%），在西点制作中，糖粉主要用来制作混酥类点心，也可以撒在制品表面，起装饰作用。

3. 红糖

红糖

红糖的主要成分是蔗糖（85%~92%），含有少量焦糖、糖蜜及其他杂质，颜色深红，有焦糖的苦甜味。

4. 蜂蜜

蜂蜜

蜂蜜是一种天然糖浆，风味独特，在西点制品中加入少量蜂蜜，可以增加制品风味。蜂蜜含有转化糖，能加深烘焙食品的颜色，提高保湿性，添加蜂蜜的西点制品在烘烤时要注意炉温，避免成品颜色过深。

下图为添加蜂蜜的蜂巢蛋糕。

蜂巢蛋糕

5. 玉米糖浆

玉米糖浆是玉米淀粉在各种酶的作用下转化成的更简单的化合物，它的主要成分是以葡萄糖为主的各种糖。玉米糖浆能抑制糖浆返砂，提高成品的保湿性。例如，在制作糖艺制品时都加入一定量的玉米糖浆，能够使糖艺制品晶莹透明。

6. 麦芽糖

麦芽糖是从已发芽的大麦中提取出来的一种胶状物，甜味不如蔗糖，口味苦中带甜。麦芽糖一般会被制作成麦芽糖浆，麦芽糖浆常用来增加制品表面颜色，例如，中式点心中的鸡仔饼，加入少许麦芽糖浆，使制品烘烤后呈现出红褐色。

玉米糖浆

生产中的麦芽糖浆

各种糖的甜度是不同的，在使用时要灵活运用，加以区别。例如，在制作萨其马时，加入部分麦芽糖浆、玉米糖浆，可以降低制品的甜味，使制品吃起来甜而不腻。各种糖的甜度由高到低排列如下：果糖>蜂蜜>蔗糖>葡萄糖>麦芽糖。

第三节 油脂

西点常用的油脂有黄油、起酥油、色拉油等。

1. 黄油

黄油又叫白脱，牛奶中的脂肪呈小油滴状悬浮于乳液中，把这些脂肪分离提取出来，就是天然黄油，又因为其中含有胡萝卜素和叶黄素，故呈黄色（如右图）。天然黄油是一种纯净脂肪，含丰富的卵磷脂，有良好的乳化性，但是由于价格高，目前国内比较少用，多用来制作夹心馅料。

黄油

随着生产技术的提升，人们研发了人造黄油，人造黄油是由动植物油经过氢化加工，添加香料、乳化剂、防腐剂等制成的，性质与天然黄油相同，是天然黄油的替代品，多用来制作面包、西饼等。我国烘焙行业常根据人造黄油是否含有水，给予其不同的称谓。

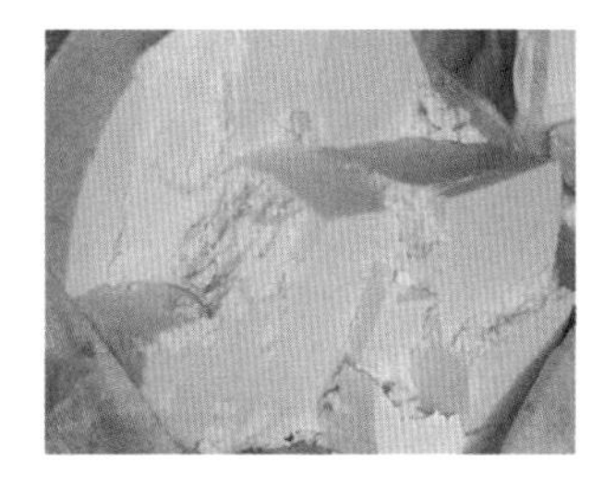

人造黄油

（1）无水酥油

无水酥油又称牛油、酥油，是不含水的人造黄油，多用来生产面包、小西饼等。

（2）黄奶油

黄奶油指含水的人造黄油，多添加胡萝卜素，部分产品含有盐，多用来制作派、挞、奶油蛋糕等。

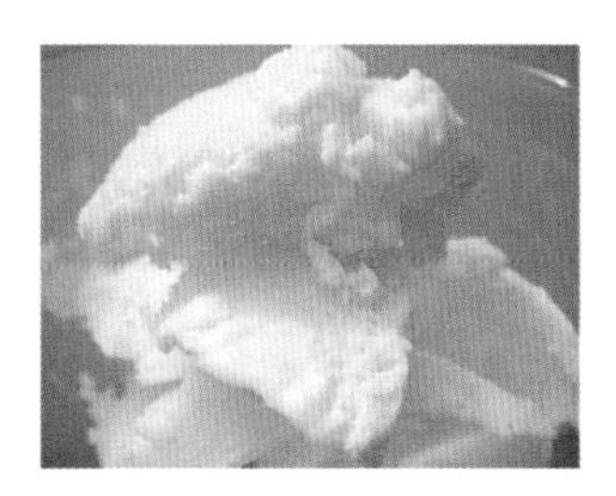

白奶油

（3）白奶油

白奶油是一种含水的人造黄油，多用来制作夹心和清酥类点心，也可以用来制作裱花蛋糕，但是口感不好。

2. 起酥油

起酥油是人造黄油的一种。起酥油和一般的酥油有所不同，它是以低熔点的牛油混合其他动物油或是植物油制成的高熔点油脂，它的熔点通常在 44℃以上。起酥油常被做成片状，有良好的可塑性、乳化性，适合制作有层次感的面团，多用于制作丹麦面包、清酥类点心等。

起酥油

3. 色拉油

色拉油是植物油经过脱酸、脱杂、脱磷、脱色和脱臭五道工艺处理之后制成的食用油，特点是色泽澄清透亮，气味新鲜清淡，加热时不变色，无泡沫，油烟很少，并且不含黄曲霉素和胆固醇，常用来制作沙拉酱、蛋糕等。

色拉油

油脂在蛋糕西点中的作用有以下三点：

（1）增强面团的可塑性。

（2）降低面团的筋力和黏性。

（3）使制品组织柔软，延缓淀粉老化，延长保质期。

重点难点分析

油脂在存放期间，往往会发生一些复杂的化学反应，使油脂具有一种难闻的气味，这个过程就是油脂的酸败过程。油脂酸败主要是由两个途径发生的：

（1）水解酸败。水解酸败是由水解作用引起的油脂酸败。高温和水分均会使其发生。

（2）氧化酸败。空气中的氧气使油脂发生自动氧化，生成低级的醛、酮、酸等带有恶臭味的物质。高温、紫外光、潮湿等因素都会加速油脂的氧化酸败。因此，油脂不能用铁罐存放，不能放置于高温处，还要避免阳光的直射，以免引起酸败。

第四节　牛奶与乳制品

牛奶与乳制品在西点制作中使用量非常大，在西点蛋糕制品中加入牛奶可以提高点心的营养价值，增加风味。常用的乳制品有下面几种：

1. 牛奶

牛奶是一种由水分、蛋白质、乳糖、脂肪等组成的乳浊液。其主要成分及含量如下：

牛奶成分及含量

成分	含量
水分	87.5%~87.6%
蛋白质	3.3%~3.5%
乳糖	4.6%~4.7%
脂肪	3.4%~3.8%

牛奶中含有乳糖，加入牛奶的西点制品在烘烤后能呈现诱人的橙色。

在生产制作时，如果手头上没有牛奶，常用 1 份奶粉加 9 份水来代替。

2. 奶粉

奶粉是鲜奶经蒸发除去水分，并经巴氏灭菌后喷雾干燥（或滚筒干燥）处理而制得的粉状品，根据脱脂与否分为全脂奶粉和脱脂奶粉。

奶粉

全脂奶粉含有油脂成分，易酸败，难溶解，不易保存；脱脂奶粉有脂肪含量极少、不易氧化和耐贮藏等特点，是制作饼干、糕点、面包、冰激凌等食品的最佳原料。

炼乳

3. 炼乳

炼乳是将牛奶中约 60% 的水除去，加入大量糖制成的，因此在使用时应注意减少配方中的糖。

4. 奶酪

奶酪又名干酪、起司、芝士，是将牛奶放酸之后增加酵素或细菌制成的食品。大多数的奶酪呈乳白色或金黄色，传

奶酪

统的奶酪含有丰富的蛋白质、脂肪、维生素 A、钙和磷等。

奶酪主要用来制作奶酪蛋糕、乳酪派、比萨等。

牛奶及乳制品在西点蛋糕制品中的作用有以下三点：

（1）提高制品的营养价值。

（2）增加制品风味、香味以及制品表皮色泽。

（3）延长制品的货架寿命。

第五节　蛋类

在西点蛋糕制作中使用的蛋主要是鸡蛋，鸡蛋是制作蛋糕必需的基本原料。

1. 鸡蛋

鸡蛋是由蛋壳、蛋白、蛋黄组成的，其中蛋壳重量占10%、蛋黄占 30%、蛋白占 60%。

在行业内常把除去蛋壳后的蛋（蛋黄和蛋白）称为全蛋或净蛋，其中蛋白占 2/3，蛋黄占 1/3。

蛋黄和蛋白

2. 鸡蛋的性质

（1）起泡性

鸡蛋在搅打时能够与空气形成泡沫，并融合面粉、糖等其他原料，固化成薄膜，增强面糊的膨胀性并增大体积。烘烤时，泡沫内的气体受热膨胀，使西点制品形成疏松多孔的组织。

（2）热变性

鸡蛋中含有大量的蛋白质，蛋白质加热至 58℃ ~60℃，会变性凝固，当烘烤后，凝固物失水成为凝胶。

※ 应用 1：在制作泡芙面糊时，必须等面糊冷却到 50℃时才可以加蛋，如果温度太高，蛋中的蛋白质便会变性凝固，泡芙在烘烤时就不会起发。

※ 应用 2：面包表皮在烘烤前扫蛋液，会在烘烤后形成一层蛋白质凝胶，使面包表皮光亮。

其他蛋制品还有冰蛋、全蛋粉、蛋白粉、蛋黄粉等，由于性价比太低，在国内烘焙行业很少使用。

蛋液的密度约等于1kg/m^3，在专业化生产中，不方便称量蛋液的质量，通常用量杯量出蛋液的体积，间接估算出质量，如1000毫升的蛋液质量约为1000克。

第六节　膨松剂

面包师在制作西点蛋糕时，会用各种方法充入一定量的气体，气体在烘焙过程中受热膨胀，使产品体积增大，形成疏松的组织结构。 膨松方法可以分为三种：物理膨松、生物膨松、化学膨松。

物理膨松：通过物理搅拌的方法，使面糊充入空气，达到膨松的目的。例如，海绵蛋糕，通过搅拌蛋液，在搅拌过程中带入大量空气，利用蛋液的起泡性形成稳定的泡沫结构，达到膨松的目的。

生物膨松：通过生物发酵的方法，产生二氧化碳气体，达到膨松的目的。例如，面包就是在制作面团时加入酵母菌，酵母菌在一定的条件下繁殖，产生二氧化碳气体，达到膨松的目的的。

化学膨松：通过加入化学起泡剂的方法，在制作和烘烤过程中产生气体，达到膨松的目的。例如，圣诞节制作的各种姜饼，就是在面团中加入小苏打，小苏打受热后产生二氧化碳气体，达到膨松的目的的。

在西点蛋糕制作中，常采用物理膨松和化学膨松的方法。下面是常用的几种化学膨松剂。

1. 泡打粉

泡打粉又称发酵粉、泡大粉或蛋糕发粉，是一种化学膨松剂，经常用于蛋糕及西饼的制作。

泡打粉是由苏打粉配合其他酸性材料，并以玉米淀粉为填充剂的白色粉末。泡打粉在接触水后有一部分成分会释放出二氧化碳气体，同时在烘烤加热的过程中会释放更多气体，这些气体使制品达到膨胀及松软的效果。

泡打粉根据反应速度的不同，分为慢速反应泡打粉、快速反应泡打粉、双重泡打粉。快速反应泡打粉在溶于水时即开始起作用，而慢速反应泡打粉则在烘焙加热过程中才开始起作用。双重泡打粉，又叫双效泡打粉，兼有快速及慢速两种泡打粉的反应特性。一般在西点制作中都采用双重泡打粉。

泡打粉中的填充剂玉米淀粉，主要是用来分隔泡打粉中的酸性物质和碱性物质，避免它们过早反应。泡打粉在保存时应尽量避免受潮而失效。

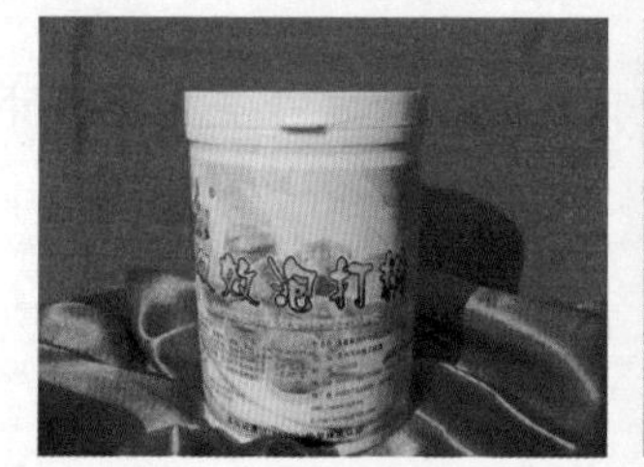

泡打粉

2. 臭粉

臭粉有两种：

①碳酸氢铵，化学式为 NH_4HCO_3。

②碳酸铵，化学式为 $(NH_4)_2CO_3$。

臭粉受热后会分解成氨气、二氧化碳和水，所产生的氨气和二氧化碳都是气体，这些气体受热膨胀，使制品达到膨胀及松软的效果。两种臭粉的性质稍有不同，碳酸氢铵在50℃左右开始分解，而碳酸铵在35℃左右便开始分解，目前市面上用的大多是碳酸氢铵。

3. 苏打粉

苏打粉又称小苏打，我国南方又叫“食粉”，化学名“碳酸氢钠”，是化学膨松剂的一种。

苏打粉是一种易溶于水的白色碱性粉末，与水结合后分解产生二氧化碳，并且随着温度的升高，分解反应加快。

苏打粉

苏打粉也经常被作为中和剂使用，例如，制作巧克力蛋糕时，因为巧克力为酸性，大量使用会使西点制品带有酸味，因此可使用少量的苏打粉作为膨松剂，同时中和其酸性，并且苏打粉有使巧克力颜色加深的效果，使它看起来更黑亮。

苏打粉分解后的残留物是碳酸钠，使用过多会使成品带有碱味，并且苏打粉与油脂直接混合时也会发生“皂化”反应，强烈的肥皂味会影响西点制品的品质，使用时需留意。

泡打粉虽然有苏打粉的成分，但是市面上的泡打粉都是经过精密检测后加入酸性物质（如塔塔粉）来平衡它的酸碱度的，是中性粉，因此，苏打粉和泡打粉是不能任意替换的。

在制作泡芙时，苏打粉和泡打粉都不适合作为泡芙的膨松剂，原因是它们在溶于水后即开始作用，在室温下即开始反应产生气体，在炉内烘烤时效果就会大打折扣。因此，制作泡芙时多采用分解温度较高的臭粉。

第七节　盐和香料

盐在西点蛋糕中的作用主要是抑制制品甜味，使点心吃起来不会有甜腻感。

在西点蛋糕制作中，经常使用一些天然香料来增加食品风味。

豆蔻

1. 豆蔻

豆蔻树是一种热带常绿植物，将其果实中的籽核取出晒干，研磨成粉，即豆蔻粉，豆蔻粉气味芳香而强烈，性温味辣。

八角

2. 八角

八角原产于中国南部及越南、牙买加等地，味浓、苦香，八角可以提炼出茴香油，有一定的药用价值。

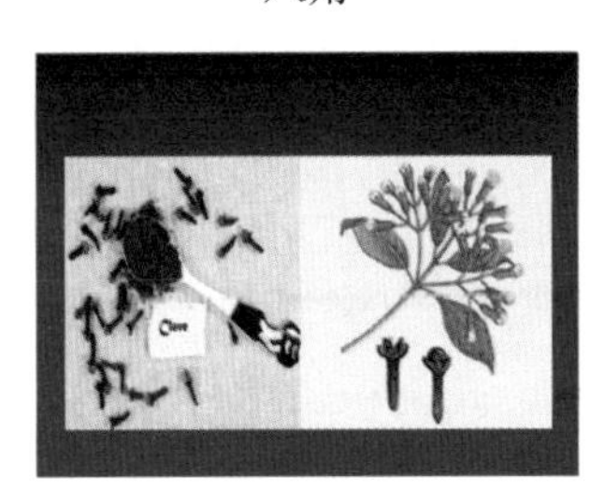
丁子香

3. 丁子香

丁子香，又名丁香，是丁子香树结的花苞在未开花之前采摘下来，经干燥后做成的香料，原产地是印度尼西亚，丁子香很适合用于烹调，美国人常将其撒在烧烤类食物上；而欧洲人喜欢把丁子香枝插在柑橘上，用丝带绑起吊挂在衣橱内以熏香衣物；非洲人喝咖啡时，喜欢加入丁子香同煮。

4. 肉桂

肉桂又名玉桂，是一种月桂科的常绿植物。全世界的肉桂有上百种，其中两种使用最广泛且甚具商业价值的是锡兰肉桂和中国肉桂。锡兰肉桂比较柔和、风味绝佳，桂皮呈浅棕色，而且比较薄。中国肉桂香味比较刺激，桂皮较肥厚，颜色较深，芳香较前者略逊一筹。肉桂的味道芳香而温和，特别适合用来煮羊肉，也可以用来做水果蜜饯（特别是梨）、巧克力甜点、糕饼和饮料。西点常用的肉桂粉是用肉桂树的干树皮磨成粉末制成的。

肉桂

5. 胡椒

胡椒原产于亚洲热带地区，依成熟度及烘焙度的不同而有绿色、黑色、红色及白色四种。胡椒味辛而芳香，在烹调中有去腥压臊、增味提香的作用。烘焙常用的是胡椒粉，粉状胡椒的辛香气味易挥发掉，因此保存时间不宜太长。

胡椒

6. 香草

香草精和香草粉皆是由香草所提炼而成的香料，其作用是增加成品的香气，去除腥味，使食物味道香浓。烘焙中常用的香草根像一根根黑色的小棒子，散发着迷人的甜香。香草根必须与液体一起熬煮才能释放它的香味，而且它的甜香主要来源于香草籽。

香草根

第八节　巧克力和胶

1. 巧克力

巧克力

巧克力又称朱古力，由可可粉、糖、牛奶混合精炼而成，味道苦甜浓香，口感润滑，营养价值高，含有蛋白质、脂肪和糖分以及比较丰富的铁、钙、磷等矿物质，是热量比较高的食品。巧克力在烘焙中应用非常广泛，可用于外层装饰，制作夹心、馅料等。烘焙中常用的巧克力有黑巧克力和白巧克力两种。

巧克力在使用时要先融化，将巧克力块切碎并放入干燥的容器，以隔水加热的方法使巧克力融化成液体，在融化的过程中要不断搅动，其水温以不超过 60℃为佳，这是因为巧克力含有大量油脂和糖，若无搅拌或温度过高，容易使巧克力分离产生变化，凝固后粗糙而无光泽，所以要不断搅拌至巧克力融化为止，原则上能使巧克力融化的温度越低越好。

巧克力在融化过程中，不得掺入水或牛奶，如果将水掺入巧克力，巧克力会变成黏土状，这是巧克力内的糖吸湿作用的结果。有的巧克力因为熔点高或者使用的油脂不同，很难融化成液态，这种情况可用色拉油进行调节，但过多的色拉油会影响巧克力的凝固性。

2. 胶质类

（1）明胶

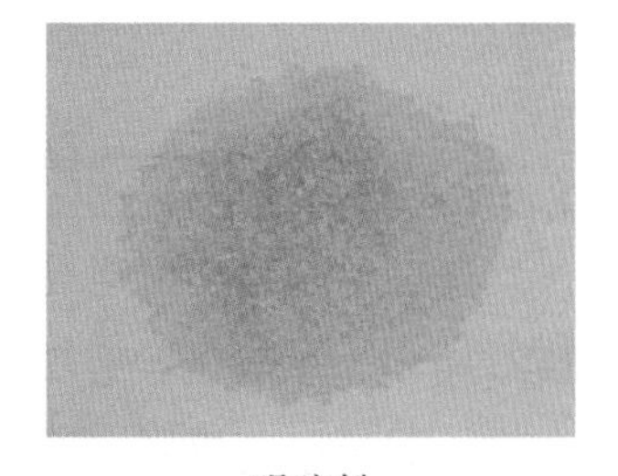

明胶粉

明胶又称吉利丁或鱼胶，它是从动物的骨头（多为牛骨或鱼骨）中提炼出来的胶质，主要成分为蛋白质。

片状的明胶又叫明胶片，半透明，黄褐色，经脱色、去腥精制的明胶片颜色较透明，价格较高。明胶片须存放于干燥处，否则受潮会黏结。使用时要先浸泡在冷水中，泡软后沥干再溶于热水中。

粉状的明胶又叫明胶粉，功效和明胶片完全一样。西点制作中还是较普遍使用明胶片，好的明胶做出来的西点没有异味。

（2）琼脂

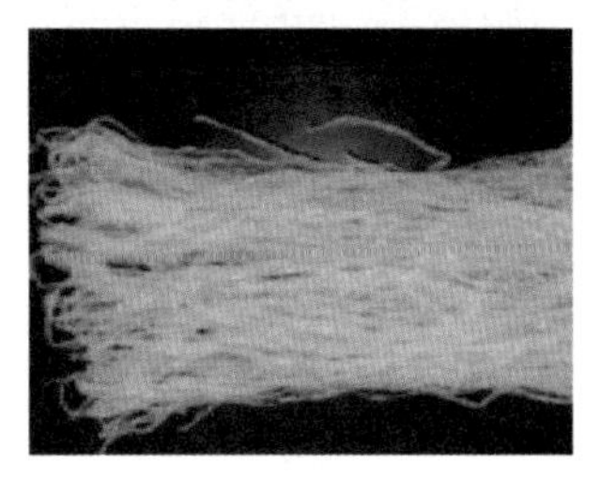

琼脂

琼脂又叫洋菜，也叫大菜丝，琼脂是从海藻中提取的一种胶质，有黄白色透明的薄片和白色粉末两种。琼脂加热后液化，当温度降至 40℃以下，开始凝结成胶体，它可以吸收 20 倍的水。

明胶需要比琼脂更低的温度才能完全凝固，使用时不如琼脂方便，但是琼脂做出来的点心口感比较硬脆，不如明胶，因此西点中比较多用明胶。

第九节　食品添加剂

一、蛋白稳定剂——塔塔粉

塔塔粉是一种酸性的白色粉末，主要成分是酒石酸。塔塔粉的主要作用是中和蛋白的碱性，以及帮助蛋白起发。新鲜的蛋白呈碱性，并且蛋储存得愈久，蛋白的碱性就愈强，而用大量蛋白制作的食物都有碱味，并且色泽略呈黄色，加了塔塔粉不但可以中和碱味，颜色也会变得比较白。

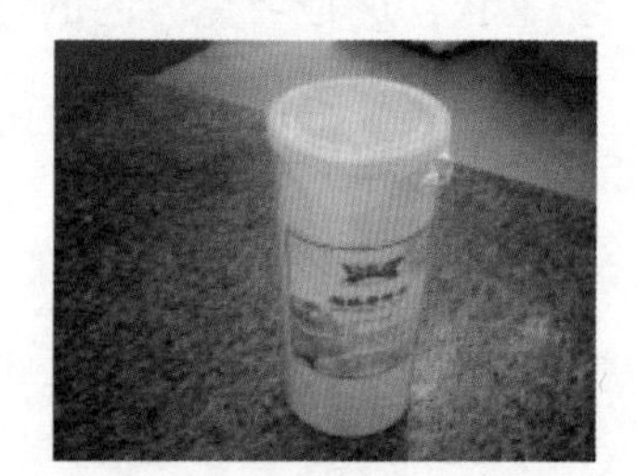
塔塔粉

二、乳化剂——蛋糕油

蛋糕油是由多种乳化剂和稳定剂复合制成的多功能蛋糕添加剂，一般是含有 20% ~40%乳化剂的膏状或粉状混合物，如分子蒸馏单甘酯、失水山梨醇脂肪酸酯、丙二醇脂肪酸酯、蔗糖脂肪酸酯、单硬脂酸甘油酯、聚甘油脂肪酸酯、大豆卵磷脂等，辅助成分有水、山梨醇、丙二醇、酪蛋白、脱脂奶粉、麦芽糊精、变性淀粉等。国内市场中的蛋糕油主要是膏状产品。

蛋糕油

1. 蛋糕油在蛋糕制作中的作用

蛋糕传统生产工艺是将蛋、糖快速搅打，突出缺点是打蛋时间长、起泡不充分、泡沫稳定性差、工艺技术要求严格。当蛋与糖搅打到要求的泡沫体积时，就要立即加入面粉、水、油等物料，调成面糊，调糊时间要求很短（30 秒以内），然后马上将面糊放入炉内烘烤，才能保证蛋糕质量。如果打蛋完成后不立即加入面粉等物料进行调糊，或调糊后不立即进行烘烤，泡沫很容易消失，蛋糕制作就会失败。蛋糕油的加入，很好地解决了这一系列问题，蛋糕油在蛋糕制作中的作用主要有以下几点：

（1）加入蛋糕油可以缩短打蛋时间

在搅打蛋、糖混合液时，可使蛋、糖混合液快速充气起泡，其良好的乳化性和泡沫稳定性可使传统打蛋时间缩短 50%以上。

（2）加入蛋糕油可以提高蛋糕面糊泡沫的稳定性

使用蛋糕油后搅打完成的面糊，即使放置一段时间泡沫也不会消失，为生产提供了极大方便。

（3）加入蛋糕油可以增加蛋糕制品的体积，改善蛋糕组织

蛋糕乳化剂与蛋糕面糊中的蛋白质形成复合膜，提高了复合膜强度，使空气泡沫稳定，所有配料分布均匀，内部组织更加均匀、细密，使产品口感嫩滑。

2. 蛋糕油的使用方法

蛋糕油主要用于制作海绵蛋糕，使用量一般为蛋的 4%~5%，使用方法主要有以下几种。

方法 1：

蛋、糖中速搅拌至糖溶解，面粉过筛，与蛋糕油一起加入，先慢速拌匀，再高速打至所需要的体积，最后中速加入水搅拌均匀，慢速加入油充分混合。这种方法最常用。

方法 2：

蛋、糖、水高速搅拌 5 分钟，加入蛋糕油高速打发；面粉过筛，加入后慢速搅拌均匀；最后慢速加入油，充分混合均匀。

方法 3：

蛋、糖搅拌均匀；面粉过筛后慢慢加入，低速搅拌均匀，再快速搅拌至浓稠。加入蛋糕油、水快速打发，最后加入油，低速拌匀即可。

重点难点分析

（1）添加蛋糕油的海绵蛋糕为何冬天容易沉底？

冬天面糊温度太低，从而影响了蛋糕乳化剂的乳化效果，使得面粉中的淀粉与蛋白产生分离，淀粉颗粒就从蛋白气泡缝隙中间沉淀到了最底部，形成一层厚薄不一的硬块。因此，只有提高面糊的温度，使之达到理想的温度（一般为20℃~25℃）要求，才能解决这个问题。方法有：

① 将配方中水和油加热后，再加入蛋糕面糊；

② 将糖提前放入烤箱中适当加温；

③ 在搅拌缸底部放上一盆热水升温；

④ 将烤炉底火提高10℃~20℃；

⑤ 将鸡蛋用温水加热一下。

（2）加入蛋糕油的蛋糕，风味平淡，缺少蛋香，这是由于蛋糕油中的乳化剂具有很强的亲水性，使蛋糕中的结合水大大增加，稀释、冲淡、掩盖了蛋香味，并阻碍了美拉德反应和焦糖化反应的发生，使风味物质减少，所以要控制蛋糕油的用量。

第三章　蛋糕的制作工艺

第一节　蛋糕的分类

根据蛋糕面糊的性质可以将蛋糕分为面糊类蛋糕、乳沫类蛋糕、戚风类蛋糕三大类。

1. 面糊类蛋糕

面糊类蛋糕以糖、油、蛋、面粉为主要原料，其中油脂用量较多，并依据油脂用量来决定添加多少膨松剂。其膨松原理主要是靠油脂在搅拌过程中充入空气，烘烤时受热膨胀，达到膨松的目的。常见的品种有奶油蛋糕、布朗尼蛋糕、水果蛋糕、牛油戟等。

奶油蛋糕

布朗尼蛋糕

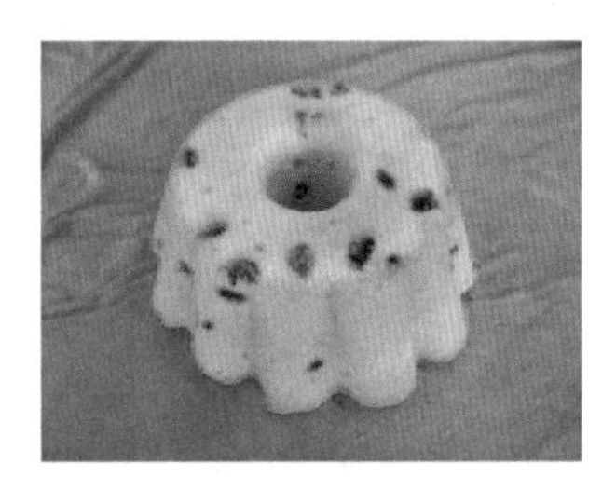

水果蛋糕

2. 乳沫类蛋糕

乳沫类蛋糕又叫清蛋糕，乳沫类蛋糕的主要原料为蛋、糖、面粉、少量液体油。其膨松原理主要是靠蛋在搅打过程中充入空气，在炉内由于蒸汽压变化而使蛋糕体积膨胀。根据蛋的用料不同，又可分为海绵类与蛋白类。使用全蛋的被称为海绵蛋糕，如瑞士鸡蛋卷、西洋蛋糕杯等。使用蛋白的被称为蛋白蛋糕。

瑞士蛋卷

橄榄蛋糕

蜂蜜千层蛋糕

3. 戚风类蛋糕

戚风类蛋糕是结合了面糊类蛋糕和乳沫类蛋糕的特点，将上述两类蛋糕制作方法混合，即把蛋白、糖及酸性材料按制作乳沫类蛋糕的方法打发，其余材料用制作面糊类蛋糕的方法搅拌，最后把二者混合起来。戚风蛋糕组织松软，口感嫩滑，适合东方人的口味，目前国内市场上的蛋糕多为此类。

玉枕蛋糕

咖啡蛋糕

黄金蛋糕

第二节　蛋糕面糊的搅拌方法

蛋糕面糊有多种搅拌方法，在制作时要根据配方中各用料成分的多少、所需要蛋糕体积大小以及内部组织要求，使用不同的搅拌方法。

一、面糊类蛋糕的搅拌方法

1. 糖油拌合法

糖油拌合法制作出来的蛋糕体积比较大，并且组织膨松。先把配方内的糖和油放入搅拌桶内搅拌，使得糖和油在搅拌过程中充入适量的空气，再进一步把配方中的其他原料加入拌匀。这种搅拌方法为目前多数蛋糕师所采用，其搅拌程序如下：

（1）将配方内的油脂、糖、盐倒入搅拌缸，用中速搅拌至糖和油脂膨松，呈绒毛状。在搅

（1）

（2）

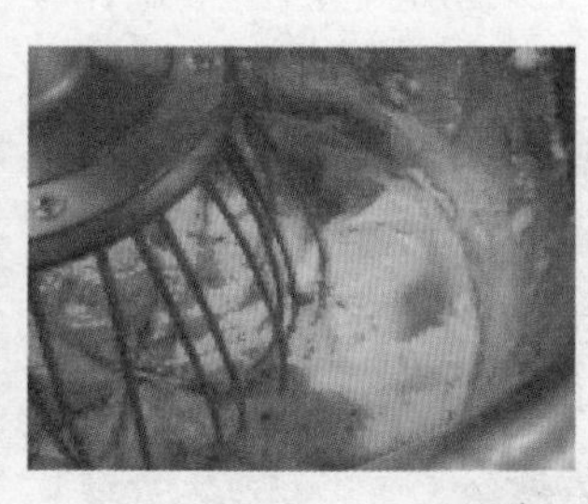
（3）

糖油拌合法示意

拌过程中需要注意：搅拌缸底部和贴在壁上的油脂搅拌不到，要用刮刀反复刮起、搅拌均匀。

（2）鸡蛋分次加入已打发的糖油中，每次加入时搅拌都要把底部未拌匀的原料刮起混合均匀，最后搅拌成均匀细腻的面糊，并且要求糖充分溶解，没有颗粒存在。

（3）面粉、泡打粉等粉类物质过筛加入，低速搅拌至均匀有光泽，最后再把牛奶慢慢地加入，充分混合均匀。在此过程中，要避免搅拌。

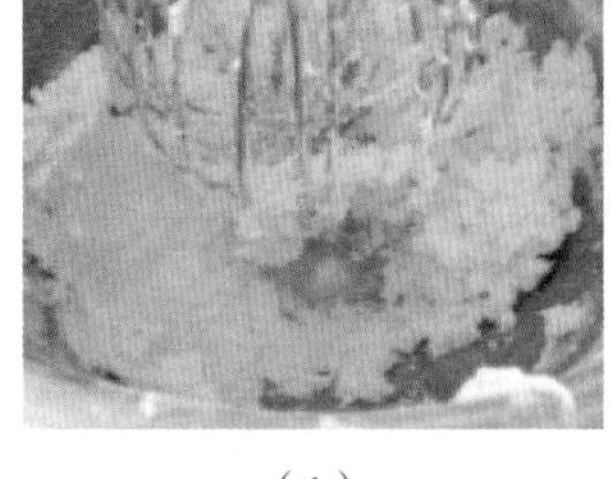

（1）

（2）

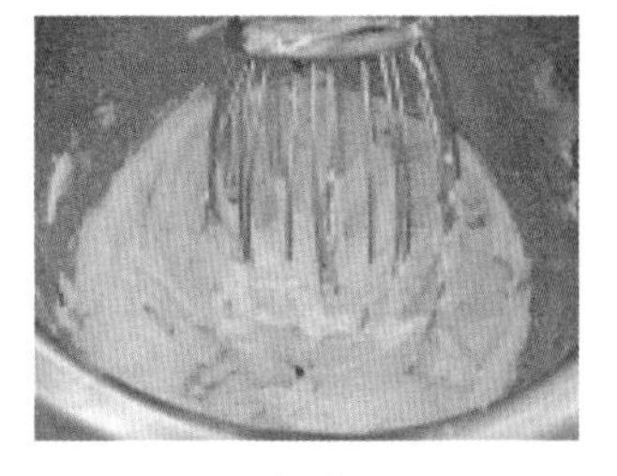

（3）

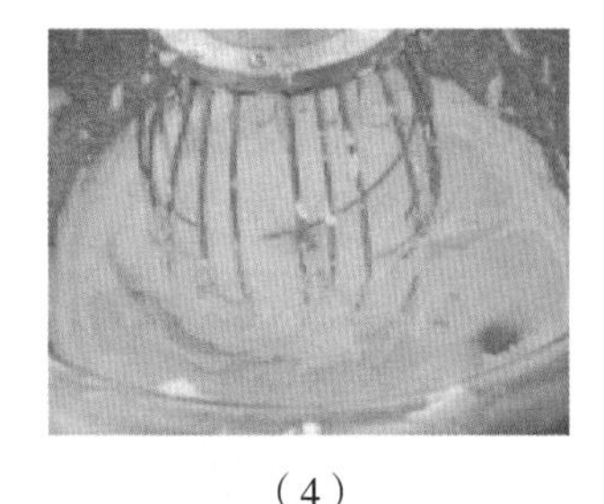

（4）

面粉油脂拌合法示意

2. 面粉油脂拌合法

面粉油脂拌合法适用于油脂成分较高的面糊类蛋糕，蛋糕的油脂用量不能少于60%，尤其适用于低熔点油脂，制作前可先将面粉置于冰箱冷冻，效果会更好，其拌合程序如下：

（1）将配方内的面粉过筛，与所有的油脂一起放入搅拌缸，慢速搅拌1分钟，使面粉与油脂初步混合，然后用中速搅拌均匀，在搅拌过程中应经常停机，把搅拌缸底部未搅拌到的原料用刮刀混合均匀，然后高速搅拌至松发。

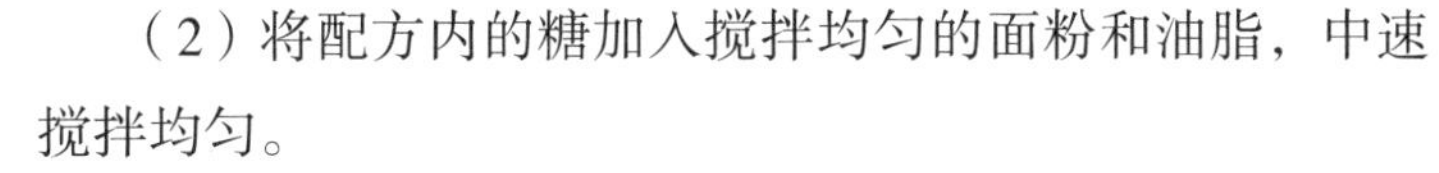

（2）将配方内的糖加入搅拌均匀的面粉和油脂，中速搅拌均匀。

（3）改用慢速加入配方内3/4的牛奶，搅拌均匀，然后将蛋分次加入，用中速搅拌均匀，每次加蛋时须将机器关停，刮缸底未搅拌的原料，再拌匀。

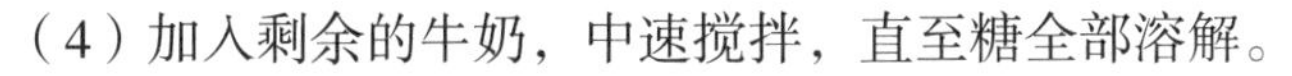

（4）加入剩余的牛奶，中速搅拌，直至糖全部溶解。

采用面粉油脂拌合法所做出的蛋糕，较糖油拌合法所做出的蛋糕更为松软，组织更为细密，但是糖油拌合法制作的蛋糕体积大，对油脂含量的要求不高，并且糖油拌合法工艺相对简单，容易掌握，为多数面点师所采用。

二、乳沫类蛋糕的搅拌方法

乳沫类蛋糕常见的拌合方法有两种：糖蛋拌合法和蛋糕油分步拌合法。

1. 糖蛋拌合法

糖蛋拌合法是先搅打蛋和糖，然后加入其他原料的方法。这种方法主要是靠蛋液的起泡作用使蛋糕的体积膨胀。其搅拌步骤如下：

（1）将全部的糖、蛋放入洁净的搅拌缸，慢速搅打均匀，然后高速将蛋液搅拌至充分起发，呈乳黄色，再中速搅拌 1 分钟。

（2）面粉等干性材料过筛，加入后慢速拌匀，避免震动，也可以用手拌匀，动作尽可能小。

（3）最后把液态油或融化的奶油、牛奶加入拌匀即可。

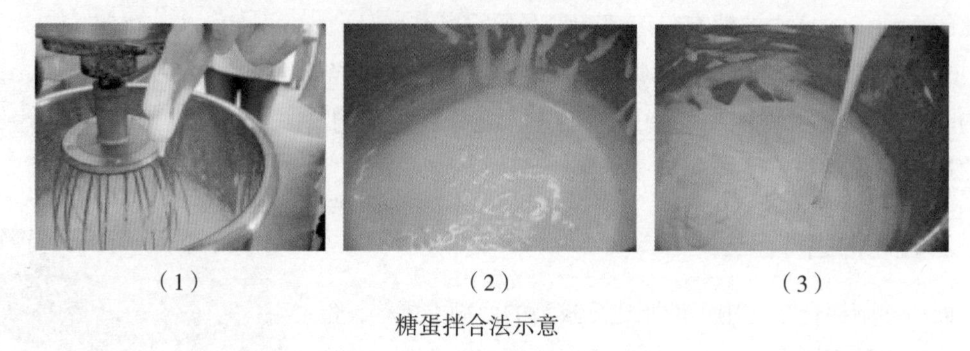

（1）　（2）　（3）

糖蛋拌合法示意

2. 蛋糕油分步拌合法

蛋糕油分步拌合法是首先把蛋和糖搅拌至糖溶解，然后加入面粉和蛋糕油打发，最后加入水和油的方法，其搅拌步骤为：

（1）将配方内全部的糖和蛋放入洁净的搅拌缸，慢速搅拌均匀，至糖完全溶解。

（2）面粉等干性材料过筛，把蛋糕油分成小块，与面粉混合后，加入搅拌缸，慢速搅拌 1~2 分钟，搅拌均匀；转高速搅拌，至蛋浆呈浓稠松发状，颜色呈乳白色，以手指勾起，大约 2 秒钟滴一滴蛋浆即可。

（3）转中速，慢慢加入牛奶（牛奶最好加热至 30℃ ~40℃），呈线状，充分搅拌均匀，此时仔细观察会发现，加入牛奶时蛋浆不再紧贴搅拌缸壁，继续搅拌，至蛋浆又重新贴紧搅拌缸壁为止。

（4）转慢速，慢慢加入液体油（油脂最好加热至 50℃ ~60℃），充分搅拌均匀，同上一步。

* 此类蛋糕组织细腻，富有弹性，形似海绵，又被称为海绵蛋糕。

（1）

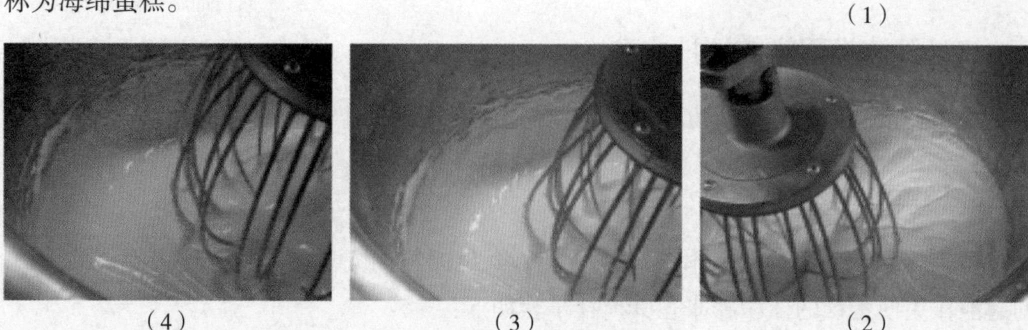

（4）　（3）　（2）

蛋糕油分步拌合法示意

三、戚风类蛋糕的搅拌方法

此类蛋糕结合了面糊类蛋糕和乳沫类蛋糕的搅拌方法，戚风类蛋糕可分为两部分：蛋黄糊部分和蛋白糖部分。第一步把蛋黄糊部分搅拌成细腻无颗粒的面糊。第二步把配方内蛋白糖部分搅打成细腻洁白的蛋白膏。第三步把蛋白膏与面糊部分混合均匀。以下是戚风类蛋糕的搅拌过程。

（1）糖、水、色拉油置于不锈钢盆，用打蛋器充分搅拌至糖溶解。

（2）将面粉、泡打粉等干性材料过筛，加入盆中，用打蛋器搅拌至没有颗粒。

（3）加入蛋黄，搅拌成光滑的面糊，拿起打蛋器，面糊能够成线形流下，无颗粒。

（1）

（4）搅拌缸洗净，不可粘有油脂、蛋黄等异物。放入蛋白（蛋白温度控制在 18℃ ~22℃），先用中速搅打，充入空气，出现大量不规则泡沫时加入糖、盐、塔塔粉，继续用中速搅拌至糖溶解。

（5）转高速搅打，至表面不规则泡沫消失，转变为均匀的细小气泡。面糊洁白而有光泽，用手指勾起，尾部呈细小尖峰，会微微弯曲，即公鸡尾状。最后慢速搅拌 1 分钟，打散因高速搅拌而带入的大气泡。

（2）

（5）　（4）　（3）

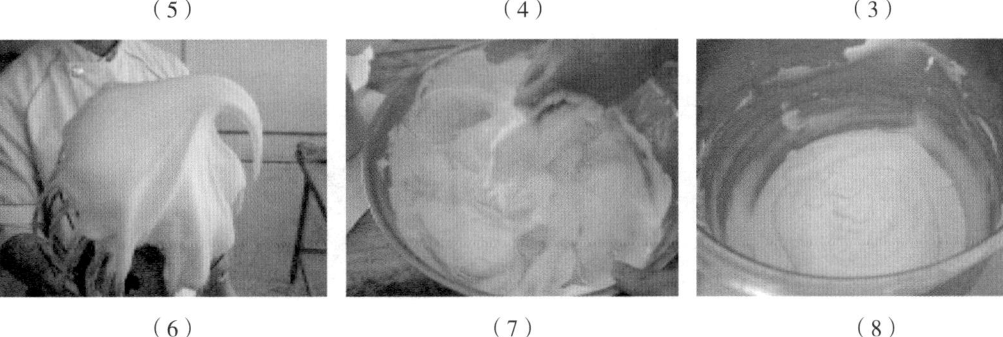

（6）　（7）　（8）

戚风类蛋糕的搅拌

（6）取 1/3 蛋白膏与蛋黄糊混合，用手拌均匀，不可用打蛋器；再将余下的蛋白膏加入，拌均匀。

戚风类蛋糕因为水分含量比较大，一般都加入泡打粉，辅助起发。在制作面糊部分时，粉类物质一定要过筛，这样才不会产生面粉颗粒。

第三节　装盘

蛋糕面糊搅拌完成后，就要装入模具，入炉烘烤，模具在使用前都要经过预处理，才能装载面糊。

1. 模具的种类及预处理

常见的模具有直角烤盘（国内又叫方盘）、吐司模、空心模、生日蛋糕模、梅花模、西洋蛋糕杯、高温纸杯等。在使用前，它们均需经过如下预处理。

（1）扫油：用毛扫在模具内壁扫上一层薄薄的奶油，必要时可以在奶油中加入少量面粉，但是不能太多。需要注意的是戚风类蛋糕不能涂油，这种处理方法多用于海绵蛋糕。

（2）拍粉：用毛巾蘸少量清水，在模具内壁均匀擦拭一遍，撒上面粉，轻敲一下，震出多余的面粉。

（3）垫纸：在模具内壁垫上一层白纸，如直角烤盘、西洋杯等模具常用这种方法。

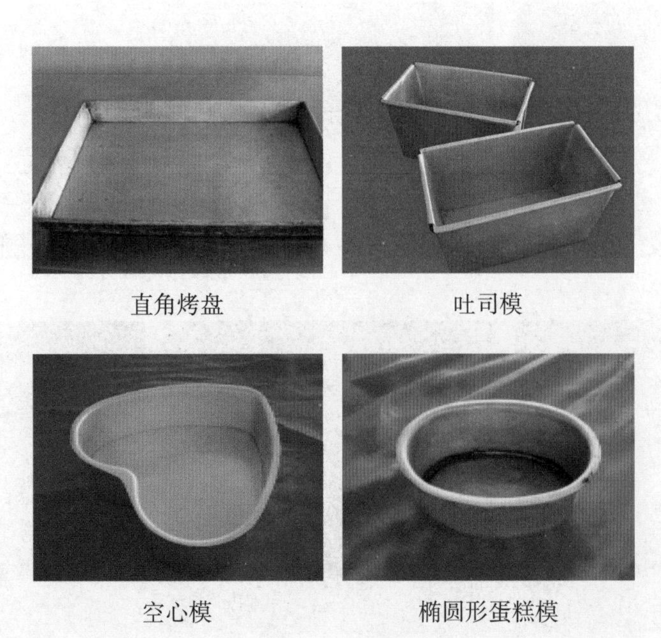

直角烤盘　　吐司模

空心模　　椭圆形蛋糕模

2. 面糊的装载

蛋糕面糊的装载量应根据蛋糕模具的大小而定，过多或过少都会影响蛋糕的品质，通常以模具容积的 80% 为标准。

蛋糕面糊因种类、配方、搅拌方法不同，装模时也不尽相同，最标准的装盘量要经多次的烘焙试验才能确定。

扫油

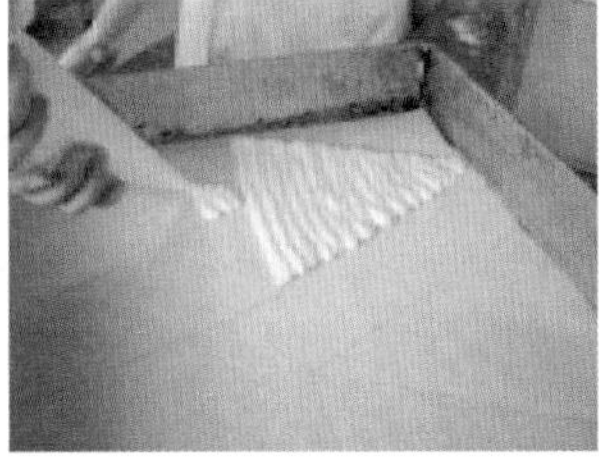

垫纸

装载面糊

蛋糕模具通常是不规则的几何体，在计算容积时比较困难，在实际生产过程中，常利用模具装入水的重量计算容积。将模具注满水，称出模具与水的总重量，再把水倒掉，称出模具的重量，由第一次的重量减去模具的重量，即此模具盛装水的重量，根据水的重量就可以算出模具的容积。

例如：模具盛满水后总重量为 800 克，空模具的重量为 300 克，则模具盛水量为 800−300=500（克）。

因为水的密度为 $1kg/m^3$，所以模具的容积是 500 毫升。

第四节　烘烤

1. 烘烤温度的选择

在选择蛋糕的烘烤温度时需要考虑以下因素：蛋糕种类、面糊比重、原料成分、蛋糕模具的容积等。

乳沫类蛋糕和轻奶油蛋糕一般用高温烘烤，即 190℃ ~230℃。

重奶油蛋糕一般用 160℃ ~190℃的温度烘烤。

大型布丁蛋糕和芝士蛋糕用 160℃低温隔水烘烤。

例如，布丁蛋糕，烘烤这种蛋糕时除了要降低炉温、延长烘烤时间外，还要防止因长时间的烘烤产生过深的表皮颜色，所以要在烤盘内注入一层热水，隔水烘烤，缓和蛋糕的焦化作用。

总之，蛋糕烘烤温度及时间与蛋糕品质的关系非常密切，我们要熟记一个原则：尽可能地依照蛋糕成分的含量及特点，使用较高的烘烤温度，并使用最短的烘烤时间，切忌烘烤太久。

2. 烘烤温度对蛋糕的品质影响

温度太低会导致烤出的蛋糕顶部下陷，同时四边收缩，并有残余面糊粘于烤盘边沿。低温烤出来的蛋糕比正常温度烤出来的蛋糕松散，内部组织粗糙。

假如蛋糕烘烤温度太高，则蛋糕顶部隆起，中央部分裂开，四边向内收缩，蛋糕质地较为坚硬。

3. 测试蛋糕是否已经烤熟的方法

（1）用手指在蛋糕中央顶部轻轻按压，如果感觉稍硬，呈固体，并且用手指压下去马上弹回，则表明蛋糕已经成熟。

（2）用竹签从蛋糕中央插入，转动一下拔出，如果上面不会附着黏湿的面糊，则表明已经成熟，这是因为蛋糕烘烤时，热量的传递过程是由四周向中心，蛋糕四周先成熟，最后成熟的位置是中心表皮下 1 厘米处，如果此处已经成熟，则表明整个蛋糕已经完全成熟。

第五节　蛋糕的冷却与装饰

1. 蛋糕的冷却

蛋糕出炉后，大部分蛋糕可以继续留在烤盘内 10 分钟，待温度降低后再脱模。如戚风蛋糕，出炉后翻转或侧立，冷却后才可以脱模。但是部分蛋糕要立即脱模，特别是一些用模具烘烤的海绵蛋糕，否则会收缩变形，如橄榄蛋糕和芝士蛋糕。

刚刚成熟的蛋糕，由于结构非常柔软，最怕挤压，一定要冷却后才能装饰、包装。冷却的方式一般有两种，一种是自然冷却，另一种是吹风加速冷却。自然冷却时通常放在不锈钢网架上，制品之间要保持一定的距离，并且尽量减少制品的搬运次数。吹风加速冷却时，尽量避免用风扇直接吹制品，整个环境保持通风状态即可。

2. 蛋糕的装饰

一般重奶油蛋糕多数都不添加装饰。轻奶油蛋糕在装饰时多采用两个蛋糕相叠，中间加奶油或果酱的方法。为了保持蛋糕湿润，在装饰前应先用稀糖浆掺朗姆酒或其他水果酒，用毛刷轻轻刷在蛋糕的夹心部分或表面。为了使蛋糕保持新鲜，经过装饰后的蛋糕需要冷藏在 2℃ ~10℃的冰箱内。

第四章　西饼的制作工艺

第一节　西饼的分类

在西式点心中，我们常说的“西饼”主要包括起酥类点心、混酥类点心（派、挞）、小西饼、泡芙类点心、冷冻甜点、布丁等。

1. 起酥类点心

起酥类点心在我国行业内叫清酥类点心，起酥类点心具有独特的酥层结构，主要工艺特点是通过水调面团（又叫水皮）包裹油脂，经反复擀制折叠，形成一层面皮一层油脂交替排列的多层结构，再经过烘烤定型，形成酥松、多层、爽口的风味特点。

2. 混酥类点心

混酥类点心是以面粉、油脂、糖、鸡蛋为主要原料调制成面团，经成型、烘烤、装饰等工艺制成的一类酥松但无层次的点心。混酥类点心主要包括派、挞、曲奇等，它们的共同特点是：利用油脂在搅打过程中带入大量的空气，经烘烤形成酥松的产品结构。

3. 小西饼

小西饼的特点是体积小、重量轻、口感松脆等。小西饼的主要类型有乳沫类小西饼（如蛋黄饼、纽扣饼等）、面糊类小西饼（如椰蓉酥等）、饼干等。

4. 泡芙类点心

泡芙类点心在国内又叫气鼓、哈斗。泡芙是将油脂、水煮开，加入面粉烫熟，最后加入鸡蛋搅拌成泡芙面糊。泡芙的成型手法主要是挤注成型；成熟方法有烘烤、油炸两种，如泡芙小天鹅是采用烘烤的成熟方法，而冰花炸蛋球是采用油炸的成熟方法。

5. 冷冻甜点

冷冻甜点是经过冷冻成型的点心，主要类型有果冻、慕斯、冰激凌等。这一类点心种类繁多、造型各异、色彩丰富，特别适合夏天食用。据有关部门统计，冷冻甜点在我国西饼专卖店中的货架比重逐年上升。

6. 布丁

布丁是以淀粉、油脂、糖、鸡蛋为主要原料，搅拌成面糊，经过水煮、蒸、烤等不同的成熟方法制成的甜点，这类点心在国内消费量比较少，主要品种有圣诞布丁、面包布丁、法式烤布丁等。

第二节　起酥类点心

起酥类点心的膨胀属于物理疏松，起酥类点心经过擀制形成特有的一层面皮一层油脂交替排列的多层结构，在烘烤过程中，水调面团产生水蒸气，这种水蒸气滚动形成的压力使各层之间膨胀，随着温度的升高，时间加长，水分不断蒸发，并逐渐形成一层层“炭化”变脆的面坯结构，同时油脂层融入面皮，使每层的面皮变成了又酥又松的酥皮。

一、原料的选择

1. 面粉

面粉是制作清酥的主要原料，为了使产品达到标准的体积和正确的式样，必须选用高筋面粉。因为高筋面粉所含的面筋较多，质地良好，弹性大，韧性好，可以承受烘焙时水汽所产生的张力，另外，在裹入高熔点的油脂时也不会使层次遭到破坏。

2. 糖

面团中加入适当的糖，可以增加成品的色泽，用量是 3%~5%。

3. 盐

盐的加入可以增加产品的风味，添加量是 1.5% 左右，如油脂是含盐分的，则不必添加。

4. 鸡蛋

鸡蛋可以增加制品的颜色和香味。

5. 油脂

油脂是主要材料，用量较大。要选择熔点高、可塑性强的油脂，最好是使用黄油或片状起酥油。无水酥油不理想，因为没有水蒸气来帮助产品膨胀，但水分太多也不行，否则在烘烤过程中蒸发不完的水分会残留在面皮内，使烤熟的点心内夹有不熟的胶质。所以油脂的含水量不能超过 18%，熔点应在 40℃以上。

6. 水

水是主要原料，面团的柔软度、面筋的充分扩展、面团良好的延展性和弹性，都是靠水来调节的，水的加入量为 50%~55%，最好使用冰水。

7. 塔塔粉

在制作面团和擀制面团时，经常会出现很强的韧性，烤熟后则会收缩，为了避免这种情况需要加入塔塔粉来降低它的韧性，添加量是面粉的 0.5%。

二、起酥类点心的制作工艺

起酥类点心的制作过程比较烦琐，一般都经过以下工序：调制面团、松筋、开酥、成型、烘烤、装饰，其中最关键的是开酥。

1. 调制面团

面团的调制与其他水调面团的调制基本相同，将配方中的面粉、糖、蛋、盐、水、油脂等一起投入搅拌机，搅拌成软硬适中、光滑、不粘手的面团，松筋备用。在调制面团时要注意以下几点：

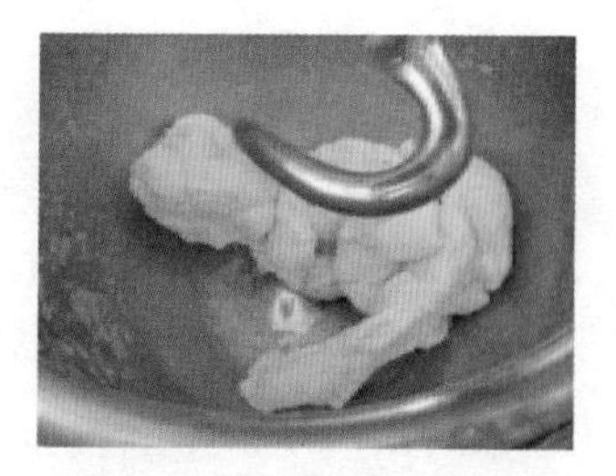
调制面团

（1）面团的软硬度要与包裹的油脂软硬度保持一致，如果面团太硬，在折叠时，油脂会被挤出，即业内所说的“走油”；如果面团太软，油脂太硬，则油脂会出现分布不均匀、层次混乱的现象。

（2）面团的搅拌程度以光滑不粘手为标准，面筋不必完全扩张，但是如果搅拌不足，会出现成品起发不足甚至不松发的现象。

（1）

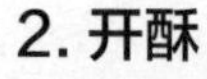

2. 开酥

（1）包油

包油方法有许多种，有英式包油法、法式包油法等，作者在多年的工作中发现，下面的包油方法是最科学的一种。

① 将面团滚圆，用擀面棍擀成长方形面皮，要求面皮宽度比油脂长度稍长 2 厘米，面皮长度为油脂宽度的 2 倍。

（2）

包油示意

② 把油脂放在面皮正中，将油脂右边多出的面皮擀薄，长度与油脂的宽度相同，折向中间，包裹住油脂；用同样的方法擀薄左端的面皮，折向中间，包裹住油脂；最后把面皮锁紧，封好口。

（2）折叠

① 包好油心的面皮用酥棍轻轻敲打一遍，目的是把油心打软，使其更有延展性，然后擀开，成长方形。从一端 1/3 处折向中间，然后把另一端从 1/3 处折向中间，覆盖在前一端上面，即完成三折一次。

② 面坯用压面机压至适当厚度，同样的方法再三折一次，放入冰箱冷冻、松筋 30 分钟以上。

③ 面坯从冰箱中取出，用压面机压至适当厚度，两端向中间对折，再沿中线折叠一次，即完成四折一次，放入冰箱冷冻、松筋 30 分钟以上。

（1）

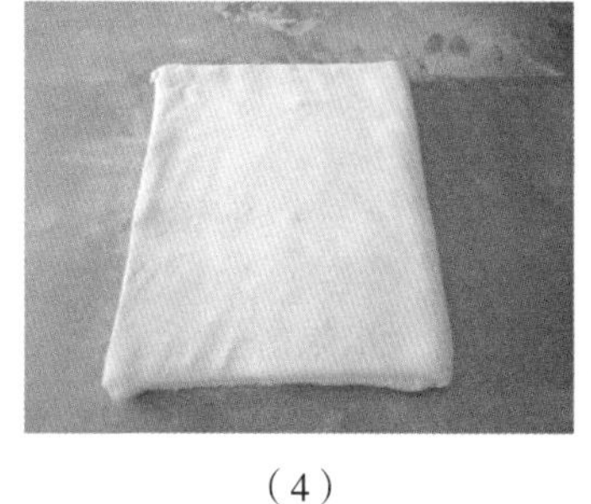

（4）

（3）

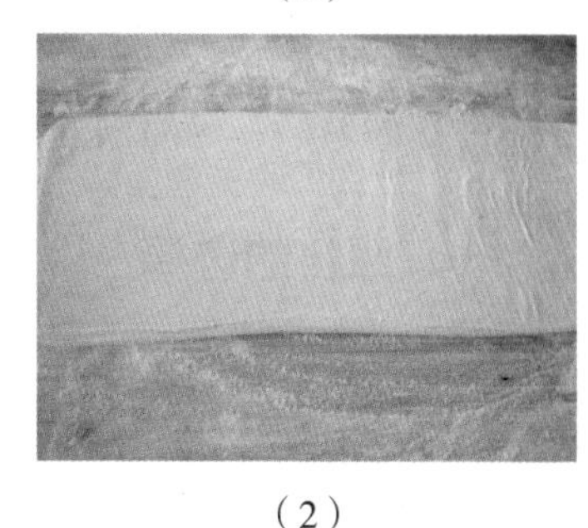

（2）

（5）

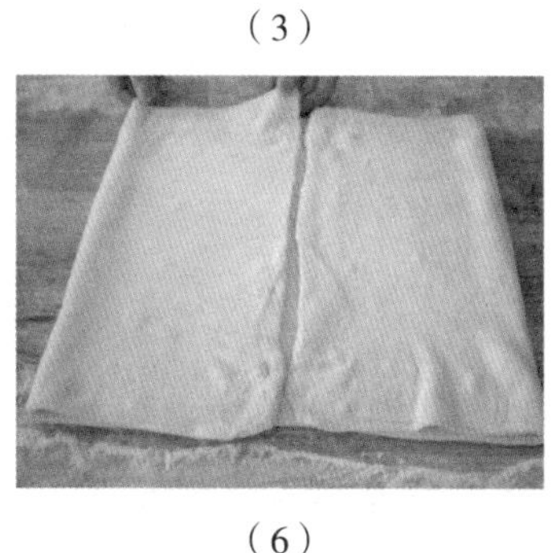

（6）

（7）

折叠示意

（3）整型操作

根据产品要求，将折叠好的面坯用压面机压到所需要的厚度，然后用轮刀切成一定的形状，包入馅料。

（4）烘烤

起酥类点心适合采用高温烘烤（210℃ ~220℃），高温下，水皮能产生足够高的蒸气压，有利于制品的胀发。

整型示意

在高温烘烤过程中，短时间内表皮就能达到所需的颜色，但是此时制品内部还没有完全成熟定型，如果此时就出炉停止烘烤，制品会塌陷变形，所以在烘烤的最后阶段还要适当降低炉温，烘烤一段时间，使制品完全成熟、定型。

（5）装饰

起酥类点心品种多样，装饰原料、馅心也多种多样，可根据品种的具体要求选择不同的装饰原料和方法，达到美化制品的目的。

第三节　混酥类点心

混酥类点心常见的有派、挞等。派和挞的区别不大，部分西点教材则直接把挞归为派的一种，国内行业通常把直径大的叫作派、直径小的圆形派叫作挞。派和挞都由馅和皮两部分组成。在品种风味方面，很大程度上是通过馅心来变化的，派和挞常用的馅料有水果馅、奶油馅、布丁馅、蛋糕面糊馅、卡仕达馅等。

一、原料的选择

混酥类点心的主要原料是面粉、鸡蛋、黄油、糖、化学膨松剂、水果等。

1. 面粉

面粉多选用低筋粉和中筋粉，特别是制作派皮的面粉，为了保证派皮的酥松口感，就不能选择面筋质较高的面粉。

2. 鸡蛋

鸡蛋在混酥类点心中主要作为水分供应原料，促进面粉成团，同时蛋黄的乳化作用有利于油水均匀乳化，使面团性质保持一致。因此，有时在制作混酥类点心时只用蛋黄而不用蛋白，蛋白过多会使面团发硬。

3. 黄油

制作混酥类点心的黄油宜选用可塑性、起酥性、乳化性比较好的黄油。

4. 糖

糖粉和细砂糖的使用较普遍，这是因为在制作混酥类点心时，水的加入量相对比较少，糖粉和细砂糖容易溶解，而粗砂糖溶解缓慢。在混酥类点心中，糖不仅赋予混酥类点心甜味，而且具有反水化作用，防止面筋起筋。

5. 化学膨松剂

混酥类点心中常用的化学膨松剂是泡打粉，主要用来增加产品膨松度，对于一些膨松程度要求较高的产品也可使用小苏打、臭粉。

6. 水果

（1）新鲜水果。如苹果、香蕉等新鲜水果广泛用于高品质的水果派、挞等。

（2）罐装水果。罐装水果是把水果浸渍于水或糖浆中，经高温消毒处理而成，它取用方便，容易保存。在使用时要了解其固体水果的重量，此数据会标注于罐头标签上。

（3）干水果。干水果在国内比较少用，在使用前应先浸泡，或小火慢煮，使其吸水软化。

二、混酥类点心的制作工艺

混酥类点心面坯的制作工艺通常采用糖油拌合法和面粉油脂拌合法。

（1）为增强制品的酥松性，可适量增加油、蛋的用量。

（2）采用面粉油脂拌合法生产时，面粉和黄油要充分拌匀，使油脂能完全渗透到面粉中。采用糖油拌合法生产时，加入面粉后不要搅拌太久，更不能揉搓，防止面粉出筋。

（3）面坯成型后，应放入冰箱冷却，最好隔天再用，目的有三点：

① 使面糊内的水分能充分地被吸收；② 使黄油凝固，易于面坯成型；③ 使上筋的面团得到松弛。

三、成型和烘烤

混酥类点心种类繁多，如挞、派、曲奇等，其成型手法各不相同。在生产中应注意以下事项：

（1）动作要快，特别是在夏天，温度比较高，防止黄油融化。

（2）一次成型，避免重复操作，使面团起筋。

混酥类点心一般用中火或小火长时间烘烤。

第四节 小西饼

小西饼根据其面糊性质不同，可分为面糊类小西饼和乳沫类小西饼。

一、面糊类小西饼

面糊类小西饼的主要原料是面粉、奶油、糖、蛋等。面糊类小西饼根据产品质地不同，又可分为以下几个类型：

1. 软质小西饼

此类小西饼质地较软，配方中水含量比较多，面糊比较稀，在成型时多用裱花袋挤在烤盘上。

曲奇饼

2. 松质小西饼

这类小西饼配方中油的用量比较多，蛋的用量相对比较少，制品口感比较酥松，例如，目前市面上出售的各种丹麦曲奇饼、奶酥饼等。松质小西饼成型时，通常用裱花袋挤成各种花样。

3. 硬质小西饼

此类小西饼配方中油脂用量相对比较少，而蛋的用量相对比较多，制品口感松脆。硬质小西饼的面糊一般比较干，在成型时多用擀面棍擀平，用模具印出各种花样，如各种动物造型曲奇饼等；也可以把面糊装盘、压平，放入冰箱冻硬，取出切成各种所需的形状，如各种冰箱曲奇。

二、乳沫类小西饼

乳沫类小西饼口感比较松脆，部分表面装饰有果仁，如杏仁片、花生等。乳沫类小西饼主要原料为蛋、糖、面粉，与乳沫类蛋糕相比，其面粉量比较多，其面糊的搅拌方法与乳沫类蛋糕相似，这类小西饼面糊比较稀，成型时多用裱花袋挤在高温布上面。乳沫类小西饼根据面糊性质分为海绵类小西饼和蛋白类小西饼两种类型。

1. 海绵类小西饼

这类小西饼的做法主要是用全蛋或部分蛋黄，配以适量的糖、面粉等原料，先将蛋和糖打发，再加入面粉搅拌均匀。比较常见的有蛋黄饼、纽扣饼、花生饼等。

纽扣饼

2. 蛋白类小西饼

这类小西饼的做法主要是用蛋白、糖、面粉等原料，先把蛋白、糖打发，最后加入面粉等干性原料搅拌均匀。

三、小西饼的制作工艺

1. 搅拌

大多数面糊类小西饼采用糖油拌合法来搅拌面糊：

① 先把配方中的奶油、糖放入搅拌机用中速打发至发白；

② 分次加入鸡蛋，慢速搅拌均匀；

③ 面粉等干性材料过筛，慢速加入搅拌均匀。

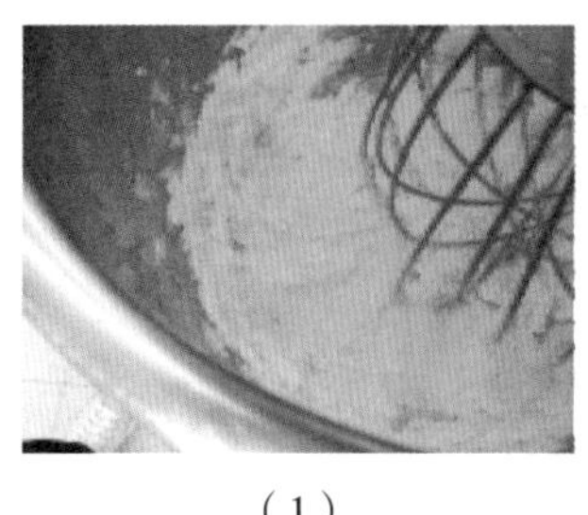

（1）

（2）

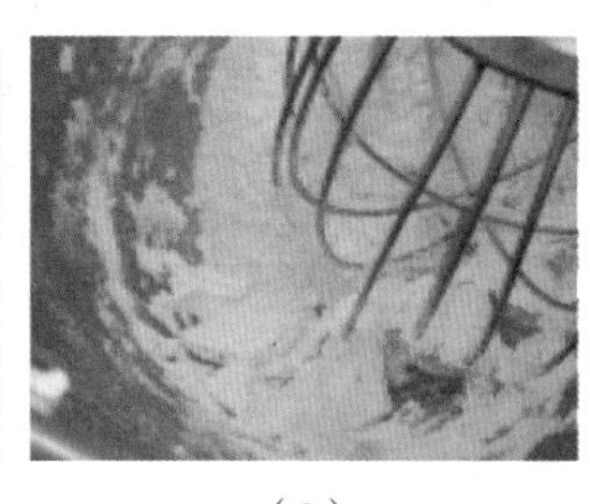

（3）

面糊类小西饼的搅拌

在搅拌时，需要注意的是，面糊类小西饼的酥松程度与面糊搅拌时间即我们常说的打发程度有密切关系。如果搅拌时间长，面糊内拌入的空气多，则小西饼就越酥松；反之，如果搅拌时间短，则小西饼就比较硬。因此，在制作时要根据不同品种要求适当控制打发程度。

乳沫类小西饼面糊搅拌方法同乳沫类蛋糕面糊搅拌方法一样：

① 先把蛋、糖放入搅拌桶，中速搅拌至糖溶解；

② 高速搅打至发泡；

③ 面粉等干性材料过筛，加入后慢速搅拌均匀。

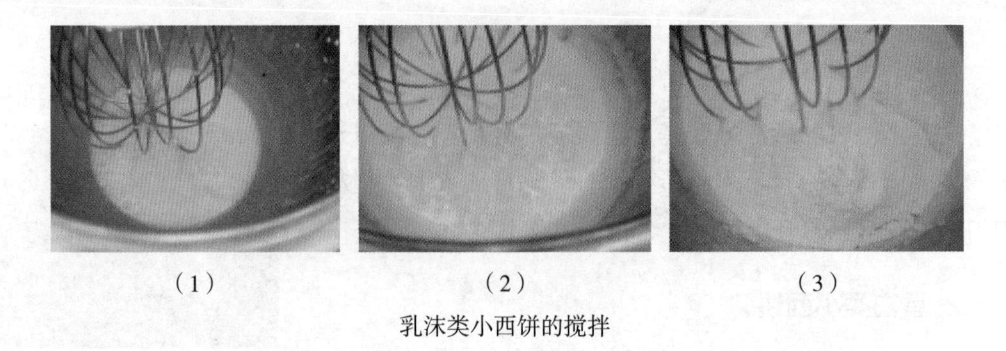

（1）　　（2）　　（3）

乳沫类小西饼的搅拌

乳沫类小西饼的面糊稳定性比较差，加入面粉后不能长时间搅拌，防止拌入的空气随水消失；在成型时也要尽快完成，不能长时间放置。

2. 成型

小西饼造型丰富，花色品种比较多，有的是用裱花袋挤成型，有的是切割成型，有的是模具成型，可以参照小西饼的种类来操作。

裱花袋挤成型

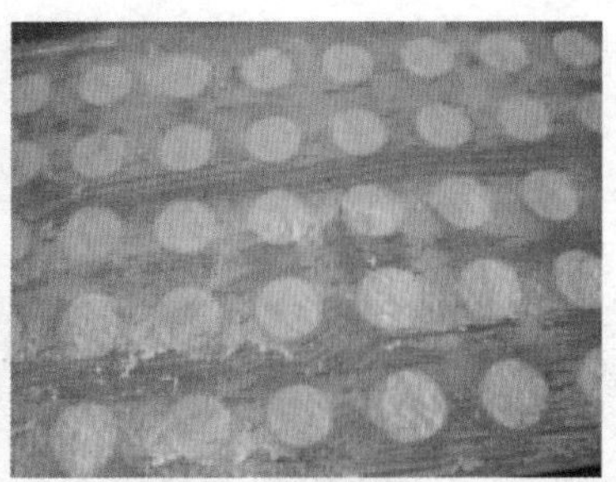

模具成型

3. 烘烤

小西饼一般都要求干、脆，适合用低温长时间烘烤，常用的炉温是 170℃ /150℃。

对于一些比较小、薄的小西饼，在烘烤时表面呈浅黄色即可出炉，原因是烤盘的余温仍可以对小西饼继续加热，没必要在炉内烤至十分熟，否则出炉后颜色会过深。在烘烤巧克力小西饼或其他颜色的小西饼时，无法由表面颜色来判断烘烤程度，此时可根据时间或用手触摸小西饼表面是否具有弹性以及小西饼的软硬度来判断；也可以对比小西饼中心和边沿的色差，如果边沿与中心颜色出现色差，则再烤半分钟左右即可出炉。

第五节　泡芙

泡芙是一种用烫面团制成的点心，它色泽金黄，表皮松脆，中间夹有不同风味的馅心，如布丁馅、奶油馅、巧克力馅等。

一、原料的选择

泡芙的主要原料是油脂、面粉、鸡蛋、水（牛奶）等。

（1）油脂。油脂是泡芙面糊中所必需的原料，油脂可选用固体油，如奶油，也可选择液体油，如色拉油等。

（2）面粉。面粉是形成泡芙骨架的主要成分，可选用高筋面粉，也可选用低筋面粉，但是两者的起发效果不同，高筋面粉制作的泡芙起发体积比较大，低筋面粉制作的泡芙起发体积相对小一些。

（3）鸡蛋。鸡蛋中的蛋白具有起泡性，与烫制的面糊一起搅拌，能使搅拌出来的面团具有延伸性，在烘烤过程中能够承受蒸气压；蛋黄的乳化性会使制品变得柔软而酥松。

（4）水（牛奶）。水（牛奶）是烫制面糊的必备原料，在烘烤时，正是水分的蒸发形成蒸气压，使泡芙体积膨大。

二、泡芙的制作工艺

1. 泡芙面糊的调制

面糊的调制一般分两个过程，一是烫面，二是搅拌面糊。

（1）将油、水加热至沸腾。

（2）一次性倒入过筛的面粉，小火加热，快速搅拌至无粉粒状，离火。

（3）将搅拌后的面粉投入打蛋桶，高速搅拌，在面糊降温至50℃左右时，分次加入鸡蛋，搅拌均匀，成光滑的面糊。

（1）

（2）

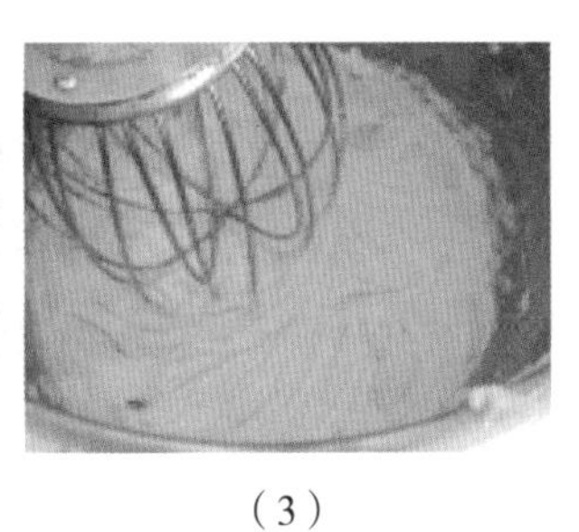

（3）

调制面糊

重点难点分析

（1）调制面糊时，水和油要完全煮开，因为水和油在温度不到100℃时就会出现局部沸腾现象，而此时温度还不够，要继续加热，直到水和油全部沸腾才能加入面粉。

（2）面粉要过筛，避免出现粉粒。

（3）加入面粉后，不要马上离火，应快速搅拌，使面粉完全烫熟，并且要防止煳底。

（4）面糊冷却至50℃左右再加入鸡蛋，并且在加入鸡蛋时不能太快，要分次加入，搅拌至完全融合后再加入下一次的蛋液。

2. 成型

泡芙成型一般采用挤制的方法。首先在烤盘上铺上一张高温布或涂上一层油，这样不会粘连，因为泡芙大多是空心的，底部比较薄，稍有粘连，底部就会破损。然后根据需要的大小，将泡芙面糊挤在高温布上或烤盘上，形状一般有圆形、条形、圆环形、椭圆形等。

成型后的泡芙要立即进行烘烤或油炸。泡芙面糊不能长时间放置，否则会影响起发体积。一般搅拌好的泡芙面糊要尽快用完，放置10个小时以上的面糊烘烤时基本不会膨胀。

3. 成熟

泡芙成熟有两种方法，一种是烘烤，另一种是油炸。

（1）烘烤成熟

泡芙烘烤分为两个阶段。

第一个阶段是泡芙膨胀阶段。泡芙进炉后受热，内部水分蒸发，产生蒸气压，在内部压力作用下泡芙体积慢慢变大，直到表皮变硬。这个阶段应该采用200℃~220℃的高温，并且中途应避免打开炉门，以免影响泡芙的胀发。

第二个阶段是泡芙的定型阶段。这个阶段泡芙表面虽然已经干硬，但是还没有炭化，泡芙整体还比较柔软，内部还没有完全成熟，如果此时就停止烘烤，泡芙内部的水分会很快渗透出来，使表皮回软而塌陷，因此这个阶段应该降低温度，打开烤炉的

排气孔，继续烘烤 10~15 分钟再出炉。

（2）油炸成熟

油炸成熟的一般方法：用手抓取一些面糊，握紧挤成一个圆球，用勺子盛取，放入油锅。法国人常把泡芙面糊用裱花袋挤在羊皮纸上，再放入油锅中炸制，当泡芙硬身时，取下羊皮纸。炸制时，油温控制在 140℃ ~150℃，慢慢炸制，泡芙呈金黄色时捞出，并沥干油。

4. 装饰

成熟后的泡芙一般都要夹入不同的馅料，一种方法是把泡芙切开，夹入馅料，再粘合起来，如泡芙天鹅；另一种方法是在侧面或底部挖一个小孔，用裱花袋挤入馅料，以保证制品的完整性。最后还要对泡芙表面进行适当的装饰，如淋巧克力酱、粘砂糖等。

第六节　冷冻甜点

冷冻甜点是经过冷冻成型的甜点，主要类型有慕斯、果冻、冰激凌等。这一类点心种类繁多、造型各异、色彩丰富，特别适合夏天食用。

一、慕斯

慕斯品种很多，常见的有水果慕斯、巧克力慕斯、奶油乳酪慕斯等。

慕斯种类繁多，制作工艺各不相同，很难用一种方法概括，但是制作过程基本相同。

（1）将明胶用部分水软化，然后加入余下的水煮开。

（2）明胶水冷却至 40℃ ~50℃时，加入水果肉（或果酱、果汁、蛋黄、巧克力酱、色素等）搅拌均匀。

（3）把制作好的明胶果汁水冲入打发好的奶油中，搅拌均匀。

（4）倒入模具抹平，放入冰箱冻硬，最后加工成各种不同的形状。

（1）

（2）

（3）

慕斯制作工艺

二、果冻

果冻是用明胶粉（明胶片、果冻粉）的凝结作用制成的一种甜点，常见的有水果果冻、椰子奶果冻、西米果冻、利口酒果冻等。

果冻的制作工艺：

（1）将明胶粉（明胶片、果冻粉）加部分水软化，然后加入剩下的水煮开。

（2）加入配方中的果肉、果汁等调味料搅拌均匀。

（3）倒入模具，冷冻成型。

（1）果冻液倒入模具时，应避免起泡沫，如果有泡沫，可以用干净的毛巾将泡沫吸出。

（2）制作果冻用的水果要滤干水分，尽量避免使用含果酸比较多的新鲜水果，如菠萝、柠檬等，因为果酸等酸性物质会降低果冻的凝结力，使成品弹性下降。

（3）果冻定型时间取决于果冻配方中凝结剂的用量，凝结剂用量越多，冷冻定型时间越短。但是，并非凝结剂越多越好，使用过多，果冻会变硬，失去应有的品质。一般情况下，凝结剂的用量应控制在3%~6%，冷冻时间控制在3~5小时。

（4）果冻定型温度一般在0℃~4℃，温度越低，定型时间越短，但是果冻定型温度不能低于0℃，0℃以下时，果冻内的水分会结冰，食用时口感不好。

第七节　布丁

布丁是英语pudding的音译，亦称作布甸。制作布丁的主要原料是牛奶、鸡蛋、淀粉、水果等。布丁是英国的传统食品，出现于17世纪和18世纪，是由当时的撒克逊人所传授下来的。布丁有很多种，如英式布丁、玉米淀粉布丁、鸡蛋布丁、杧果布丁、

鲜奶布丁、巧克力布丁、草莓布丁等。

一、冷藏布丁

此类布丁不需要烘烤和蒸煮，大多数用淀粉稠化定型，部分加入明胶稠化定型。制作方法是先将配方中的原料小火煮沸，使淀粉糊化（或明胶溶解），最后倒入布丁杯冷冻，凝固定型。具有代表性的是英式布丁、玉米淀粉布丁、奶油蛋羹。其中，英式布丁、玉米淀粉布丁是利用淀粉的糊化作用定型，奶油蛋羹则是利用明胶的凝结作用来定型。

1. 英式布丁

英式布丁

英式布丁配方

原料	重量（g）
牛奶	1250
砂糖	190
盐	1
玉米淀粉	125
香草精	8

制作过程

（1）将1000g牛奶、190g砂糖、1g盐放入锅中，加热煮至微沸。

（2）玉米淀粉、250g牛奶混合均匀，慢慢加入热牛奶，小火加热，持续搅拌至黏稠，接近沸腾。

（3）离火加入香草精调味。

（4）倒入圆形模具杯，冷却后放入冰箱冷藏。

（5）食用时倒扣在盘中，脱去模具。

2. 奶油蛋羹

奶油蛋羹

奶油蛋羹配方

原料	重量（g）
牛奶	300
奶油	300
砂糖	125
明胶	8
香草精	5

制作过程

（1）将 250g 牛奶与奶油、砂糖混合，小火加热至砂糖溶解。

（2）明胶、余下的牛奶混合均匀，加入热牛奶，搅拌至明胶完全溶解，必要时可以加热。

（3）加入香草精调味。

（4）倒入模具中冷藏定型。食用时脱去模具。

二、烘烤型布丁

烘烤型布丁需要放入烤箱隔水烘烤，其中国内制作最多的是面包黄油布丁和烘培型蛋乳冻，广东部分专卖店将其叫作法式烤布丁，这种叫法不是很准确。

1. 面包黄油布丁

面包黄油布丁

面包黄油布丁配方

原料	重量（g）
白面包片	500
融化的黄油	125
全蛋	500
砂糖	250
盐	2
香草精	10
牛奶	1250
肉桂和豆蔻	2

制作过程

（1）白面包片切半，两面都涂上融化的黄油，排列放入船形的锡纸模中。

（2）全蛋、砂糖、盐、香草精搅拌均匀，加入牛奶。

（3）将布丁液浇淋在面包片上。放入冰箱冷藏 1 小时，使面包片充分吸收布丁液，其间可以将面包片下压一两次，使面包片完全浸入布丁液。

（4）取出，表面撒上肉桂和豆蔻，放入烤盘，注入 1000g 热水（水深约 2.5 厘米），入烤炉以 175℃ /150℃的炉温烤 60 分钟左右。

2. 烘焙型蛋乳冻

烘焙型蛋乳冻

烘焙型蛋乳冻配方

原料	重量（g）
全蛋	500
砂糖	250
盐	2
香草精	12
牛奶	1250

制作过程

（1）将全蛋、砂糖、盐、香草精一起放入盆中，搅拌均匀，尽量避免起气泡。

（2）将牛奶小火加热至 50℃左右，再慢慢冲入蛋液，小心搅拌，避免起泡沫。如果起泡沫，可以用干净的毛巾吸出。

（3）果冻杯（最好是一次性使用的）抹少许奶油，倒入布丁液，放入烤盘，注入热水，使热水的高度与布丁液的高度相等。

（4）入炉，以 160℃ /150℃的炉温烤 45~50 分钟，出炉后晾凉食用。

三、蒸制布丁

这一类布丁需要加盖蒸熟，与前两种布丁不同的是，这一类布丁都是热食，不需要放入冰箱冷冻。最受欢迎的蒸制布丁是英国圣诞布丁，美国人称之为李子布丁，它是英美两国人民在冬季比较喜欢食用的一道甜点。

圣诞布丁

圣诞布丁配方

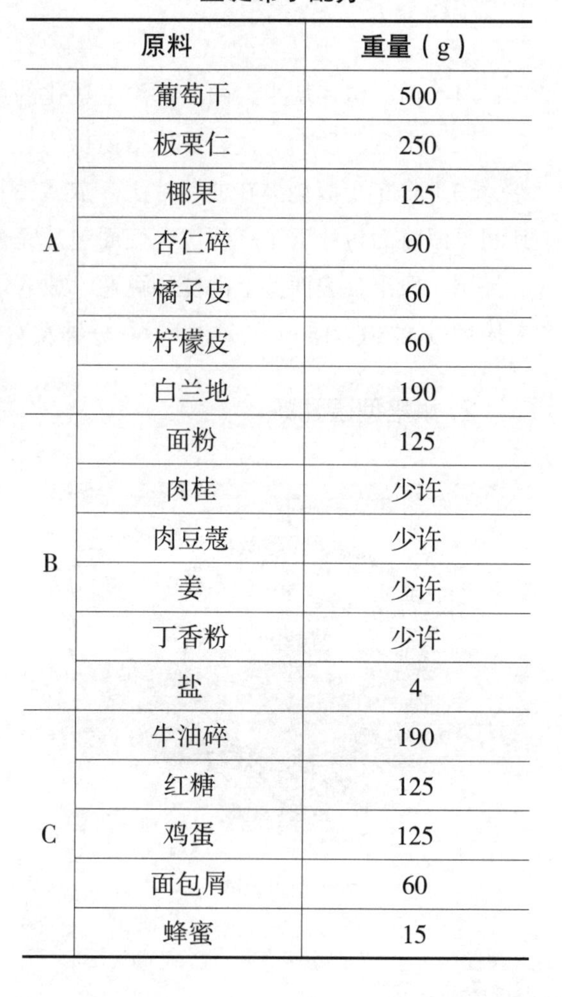

原料		重量（g）
A	葡萄干	500
	板栗仁	250
	椰果	125
	杏仁碎	90
	橘子皮	60
	柠檬皮	60
	白兰地	190
B	面粉	125
	肉桂	少许
	肉豆蔻	少许
	姜	少许
	丁香粉	少许
	盐	4
C	牛油碎	190
	红糖	125
	鸡蛋	125
	面包屑	60
	蜂蜜	15

制作过程

（1）A 部分的原料用白兰地浸泡 12 小时以上。

（2）B 部分过筛。

（3）将 C 部分混合均匀，加入过筛的 B 部分拌匀，最后加入浸泡的水果、酒等，搅拌均匀。

（4）将搅拌均匀的原料倒入涂好油脂的布丁模具，约九分满。

（5）用比较硬的油纸盖上模具口，防止水蒸气渗入，根据模具大小蒸制 2~3 小时，出炉后趁热食用。

第五章　蛋糕制作技术

第一节　面糊类蛋糕（1）

1. 轻奶油蛋糕

轻奶油蛋糕

轻奶油蛋糕配方

原料	重量（g）
酥油	400
糖粉	350
盐	2
蛋液	400
泡打粉	8
低筋面粉	500
牛奶	100

制作过程

工艺流程：搅拌面糊 → 装模烘烤。

（1）搅拌面糊

① 先把低筋面粉、泡打粉过筛备用。

② 将糖粉、酥油一起投入打蛋机，先慢速搅拌均匀，然后快速搅打至发白，呈绒毛状。

③ 分次加入蛋液，慢速搅拌均匀，使蛋液充分融入。

④ 加入低筋面粉，慢速搅拌均匀。

⑤ 最后加入牛奶和盐，慢速搅拌成光滑细腻的面糊。

（2）装模烘烤

装入高温纸杯，八分满，以 200℃ /180℃的炉温烤至金黄色，时间约 20 分钟。

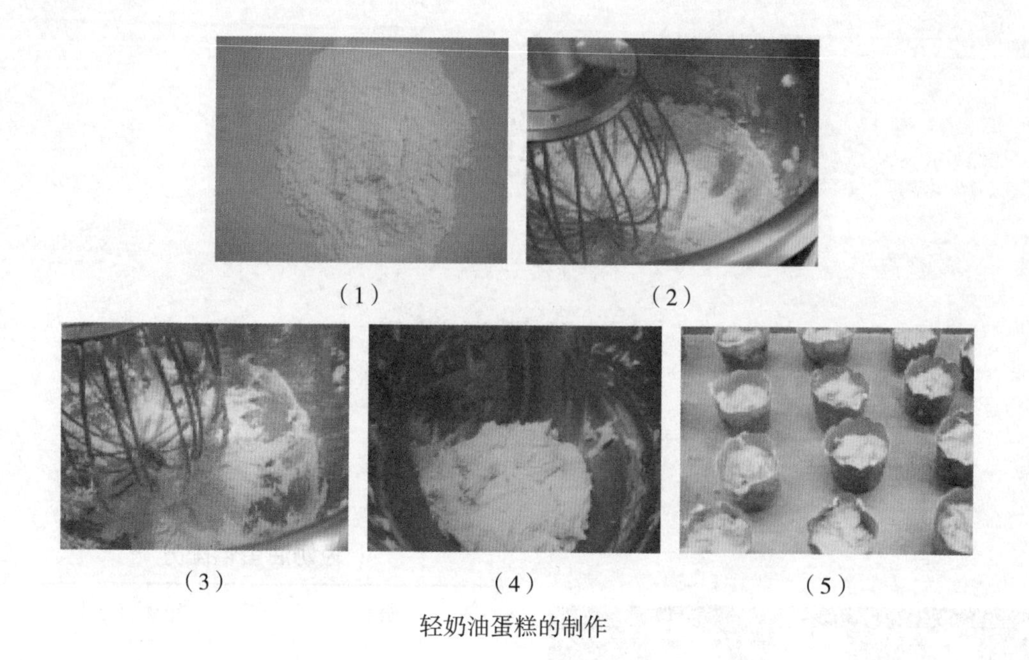

轻奶油蛋糕的制作

重点难点分析

（1）成品要求外形饱满，表面中央有裂口，颜色为棕黄色，有浓郁的奶油香味。

（2）面粉要求过筛，否则产品组织不均匀，会出现粉块、杂质。

（3）加入蛋液的速度不可太快，应分次加入，等上一次蛋液和油脂充分混合后，再加下一次。加入蛋液后不要搅打过度，否则做出来的蛋糕组织粗糙，底部会出现空心现象。

（4）加入面粉时慢速搅拌，机器速度太快，面粉会从搅拌桶飞溅出来。

（5）装模要均匀，以八分满为宜，装模太满，蛋糕烘烤时面糊会溢出模具，装模太少，产品不饱满。

2. 枣泥蛋糕

枣泥蛋糕

枣泥蛋糕配方

原料	重量（g）
全蛋	500
细砂糖	500
低筋面粉	500
泡打粉	8
苏打粉	7
色拉油	400
红枣（无核）	200
水	300

制作过程

工艺流程：制作枣泥 → 搅拌面糊 → 装模烘烤。

（1）制作枣泥

红枣洗净，切碎，用水浸泡，最后小火煮成泥备用。

（2）搅拌面糊

① 全蛋、细砂糖一起投入搅拌机，中速搅拌约 5 分钟，至细砂糖完全溶解。

② 低筋面粉、泡打粉、苏打粉过筛，放入搅拌机后，慢速搅拌均匀。

③ 加入煮好的枣泥，慢速拌匀，最后慢慢加入色拉油，使其充分融入面糊。

（1）

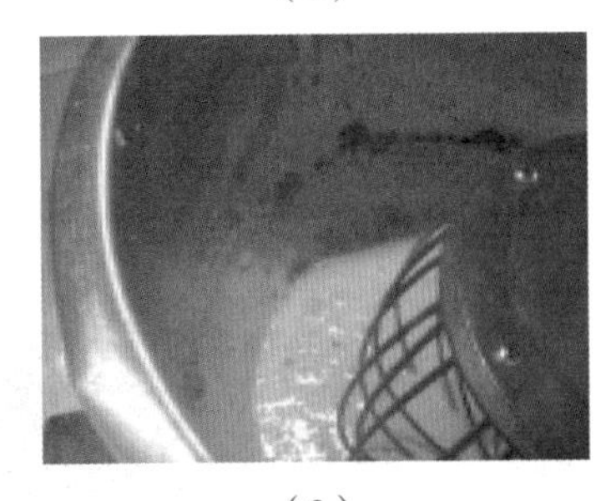

（2）

（5）

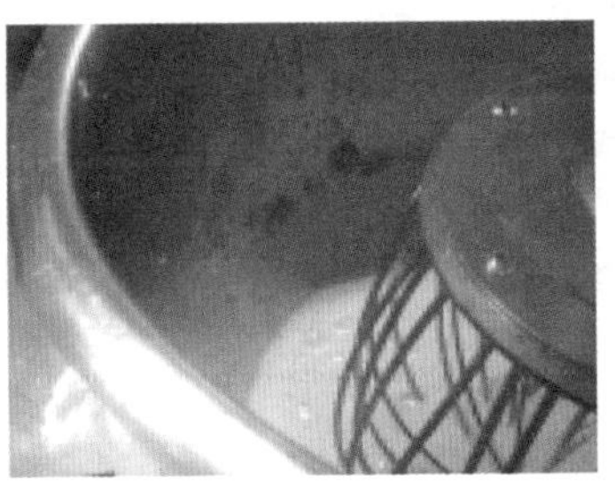

（4）

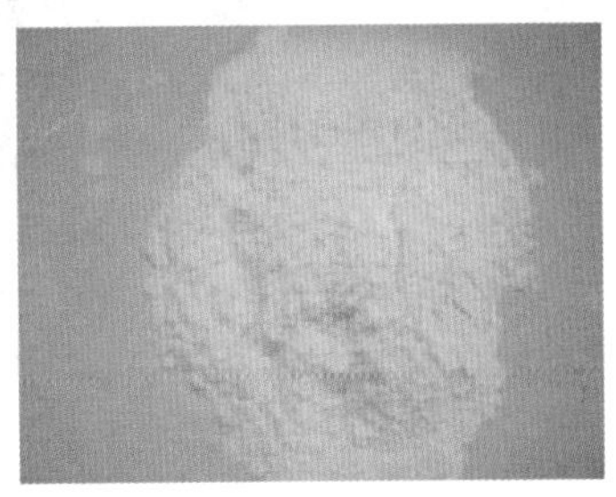

（3）

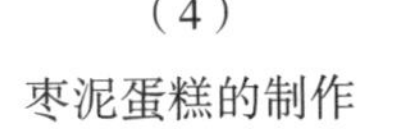

枣泥蛋糕的制作

（3）装模烘烤

装入高温纸杯，约八分满，均匀放入烤盘，以190℃/170℃的炉温烤约25分钟。成品要求饱满，表面中央有裂口，有浓郁的红枣香味。

（1）红枣应选用无核红枣，小火煮干水即可，如果还不够烂，可以用打蛋机高速搅打成泥。

（2）加油速度不可太快，应成线形慢慢加入，充分乳化，形成光滑细腻的面糊。

（3）面粉过筛时，苏打粉颗粒比较粗，可能会有一部分留在粉筛里面，不要倒掉，应用力反复搓几下，使其通过粉筛。

3. 蜂巢蛋糕

蜂巢蛋糕

蜂巢蛋糕配方

原料	重量（g）
水	350
砂糖	300
全蛋	240
蜂蜜	20
炼乳	320
小苏打	10
低筋面粉	200
色拉油	240

制作过程

工艺流程：搅拌面糊 → 装模烘烤 → 装饰。

（1）搅拌面糊

① 水、砂糖煮开，搅拌至砂糖溶解，晾凉备用。

② 炼乳倒入物料盆，全蛋打散，与蜂蜜一起加入炼乳中搅拌均匀。

③ 慢慢加入色拉油，搅拌均匀。

④ 低筋面粉、小苏打过筛，加入搅拌均匀。

⑤ 最后把晾凉的糖水慢慢加入，搅拌均匀，静置45分钟。

（2）装模烘烤

模具扫油，撒上椰蓉，倒入蛋糕面糊约八分满，入炉以190℃/170℃的炉温烤至深黑色，时间约45分钟。

（3）装饰

蛋糕冷却后出模，从底部切开，露出蜂巢状组织。

（1）

（4）（3）（2）

（5）（6）（7）

蜂巢蛋糕的制作

重点难点分析

（1）如果想加深蛋糕颜色，可以先把砂糖炒一下，生成少许焦糖，然后加水煮成焦糖水。

（2）蜂巢蛋糕的孔洞是由小苏打的沉淀形成的，小苏打要称量准确，并且一定要同面粉一起过筛。

（3）面糊搅拌完成后要静置一段时间，再装入模具。

（4）模具撒椰蓉的作用是使蛋糕容易脱模。

第二节　面糊类蛋糕（2）

1. 巧克力蛋糕

巧克力蛋糕

巧克力蛋糕配方

原料	用量
黑巧克力	200g
黄奶油	200g
蛋黄	4个
细砂糖	160g
蛋白	4个
高筋面粉	90g

制作过程

工艺流程：搅拌面糊 → 装模烘烤。

（1）搅拌面糊

① 蛋黄、40g 细砂糖先慢速搅拌至细砂糖溶解，然后快速打发。

② 黑巧克力和黄奶油隔水加热，加入蛋黄液，慢速搅拌均匀。

③ 蛋白、120g 细砂糖搅打至湿性发泡，加入巧克力面糊，搅拌均匀。

④ 高筋面粉过筛，加入搅拌均匀。

（2）装模烘烤

将面糊装入模具，约八分满，入炉以 190℃ /170℃的炉温烤熟。

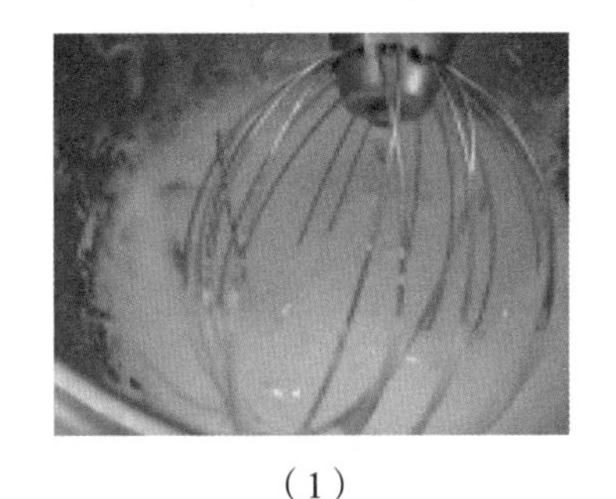

（1）

（4）　（3）　（2）

（5）　（6）　（7）

巧克力蛋糕的制作

重点难点分析

（1）在搅打蛋黄时，要先把细砂糖搅拌至溶解再打发。

（2）黑巧克力加热温度要控制好，不要超过 60℃。

（3）蛋白不要搅拌太久，湿性发泡即可，如果是干性发泡，很难混合均匀。

（4）蛋糕出炉后比较柔软，冷却后由于巧克力凝固，蛋糕定型变硬，所以蛋糕出炉后，如果发现有变形的，要及时纠正。

2. 芝士蛋糕

芝士蛋糕是西方甜点的一种，英文名是 cheese cake。芝士蛋糕以芝士、蛋、黄奶油、细砂糖为主要原料，常见的制作方法类似于戚风蛋糕。芝士蛋糕口感比一般蛋糕湿润，结构上也比一般蛋糕稳定，它通常以饼干或乳沫类蛋糕做底层，表面用蜂蜜或光亮剂装饰，或用水果装饰。

芝士蛋糕

芝士蛋糕面糊配方

原料	重量（g）
黄奶油	160
牛奶	400
芝士	500
蛋黄	250
低筋面粉	160
蛋白	500
塔塔粉	5
细砂糖	300
玉米淀粉	少许

制作过程

工艺流程：处理模具 → 制作芝士蛋糕面糊 → 装模烘烤 → 装饰。

（1）处理模具

取戚风蛋糕一块，切成厚 1 厘米、形状与模具一样大小，放入模具，再用白纸条围成一个圈，紧贴内壁放置。

（2）制作芝士蛋糕面糊

① 牛奶、黄奶油、芝士隔水加热，轻轻搅拌，至芝士融化后离火冷却。

② 加入蛋黄，慢慢搅拌均匀。

③ 加入过筛后的低筋面粉，搅拌均匀备用。

④ 蛋白、塔塔粉、细砂糖、玉米淀粉搅打成光滑细腻的蛋白膏，分次加入面糊部分，搅拌均匀。

（3）装模烘烤

① 倒入模具，约八分满，放入烤盘。

② 在烤盘中倒入 700g 热水，入炉以 180℃ /150℃的炉温烤熟，时间约 45 分钟。

（4）装饰

蛋糕出炉后立即将其从模具中取出，放在网架上晾凉，在蛋糕表面扫上镜面果胶或光亮剂。

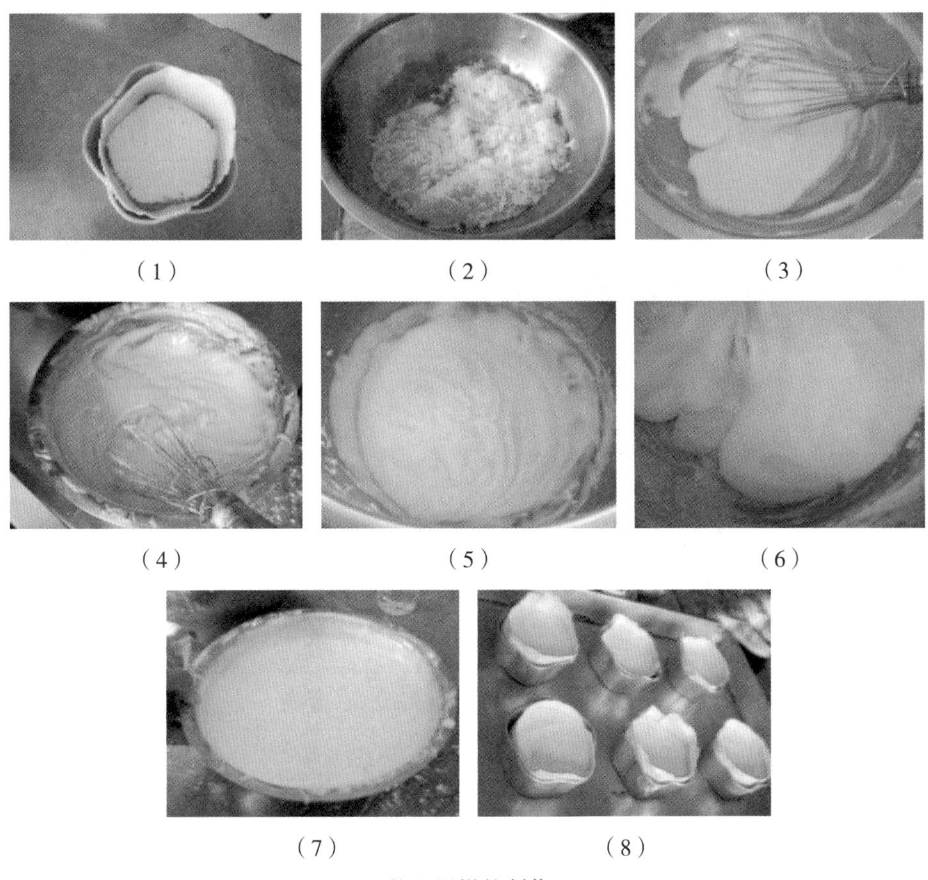

（1）（2）（3）（4）（5）（6）（7）（8）

芝士蛋糕的制作

重点难点分析

（1）芝士一定要隔水加热，加热后的温度不要超过60℃，晾凉至40℃左右后加入蛋黄搅拌均匀。

（2）加入玉米淀粉的目的是防止蛋白打发过度，蛋白搅打至湿性起发即可。

（3）在模具中加一层戚风蛋糕的原因：①芝士蛋糕在没有冷却前，骨架比较软弱，如果体积太大，容易塌陷，加一层蛋糕或饼干能很好地解决这一问题；②容易出模。

3. 黄油水果蛋糕

黄油水果蛋糕是西方传统点心之一，常用优质奶油加水果精制而成，属于重油脂水果蛋糕。黄油水果蛋糕的制作方法有多种，常见的是糖油拌合法、面粉油脂拌合法，其中面粉油脂拌合法的工艺更能突出重油脂蛋糕的风味特点。

黄油水果蛋糕

黄油水果蛋糕配方

原料	重量（g）
白奶油	225
黄奶油	300
高筋面粉	555
泡打粉	3
蛋糕油	12
糖粉	555
蛋液	555
牛奶	60
水果蜜饯	300
朗姆酒	45

制作过程

工艺流程：搅拌面糊 → 装模烘烤。

（1）搅拌面糊

① 白奶油、黄奶油中速搅拌均匀；高筋面粉、泡打粉过筛，加入后慢速搅拌 1 分钟，然后高速打至松发。

② 加入蛋糕油，高速搅打至发白。

③ 糖粉过筛，加入搅拌均匀。

④ 分次加入蛋液，中速搅拌均匀。

⑤ 加入牛奶，搅拌至面糊光滑细腻。

⑥ 最后加入水果蜜饯、朗姆酒，搅拌均匀。

（2）装模烘烤

装入中空模，八分满，入炉以 170℃ /150℃的炉温烤熟，时间约 40 分钟。

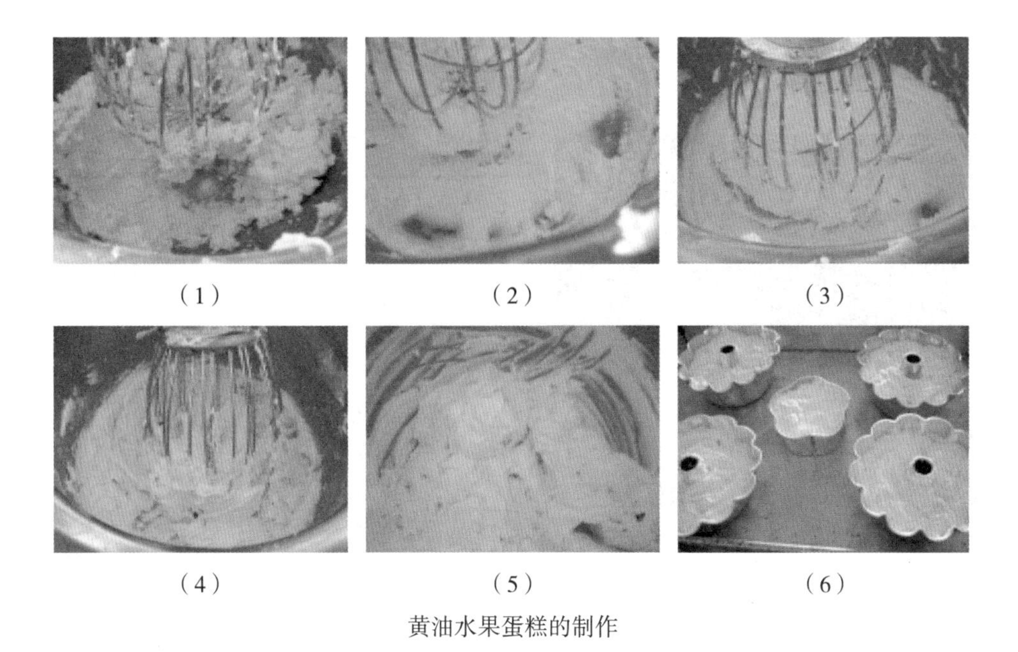

（1）　（2）　（3）

（4）　（5）　（6）

黄油水果蛋糕的制作

重点难点分析

（1）可以全部用黄奶油，加入白奶油的原因是白奶油更容易打发。

（2）可以不用蛋糕油，加入少量蛋糕油可以使蛋糕组织更加细腻。

（3）水果蜜饯是一种用糖浸泡、脱水处理过的水果肉，它不能简单地用鲜水果代替，但是可以用葡萄干、蔓越莓干等水果干代替。

第三节　乳沫类蛋糕（1）

1. 瑞士花纹蛋卷

瑞士花纹蛋卷

瑞士花纹蛋卷配方

原料	重量（g）
全蛋	500
细砂糖	250
盐	2
低筋面粉	250
蛋糕油	20
牛奶	100
色拉油	100
香芋色香油	适量

制作过程

工艺流程：搅拌面糊 → 装盘烘烤 → 加工装饰。

（1）搅拌面糊

① 将全蛋打散，投入搅拌桶，加入细砂糖，用中速搅拌至细砂糖溶解。

（1）

② 低筋面粉过筛，慢速加入拌匀。加入蛋糕油，改用快速将蛋浆打至八成起发。

③ 中速加入牛奶、盐拌匀。

④ 用慢速加入色拉油（色拉油最好加热至 60℃，避免发生沉底现象）。

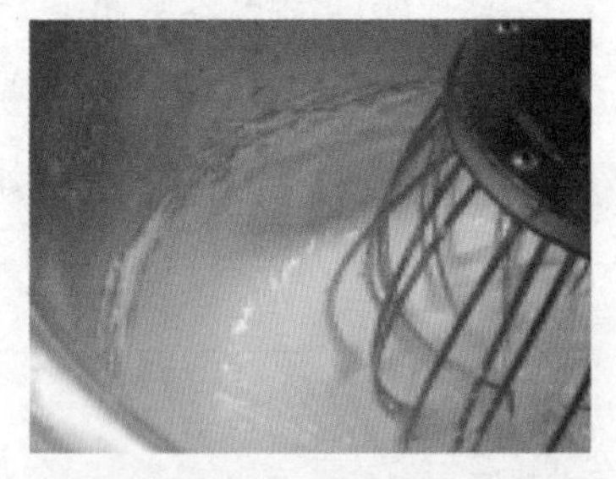

（2）

（2）装盘烘烤

① 烤盘垫好纸，倒入蛋糕浆，刮平，另取少量蛋糕浆加入香芋色香油，装入裱花袋，在蛋糕面糊表面斜着拉出紫色线条，然后用竹签在表面画出凤尾状花纹。

② 入炉以 190℃ /170℃的炉温烤熟，时间约 20 分钟。

（3）加工装饰

蛋糕完全冷却后，从烤盘中取出，从中间一分为二，抹奶油，纵向卷起，切件。

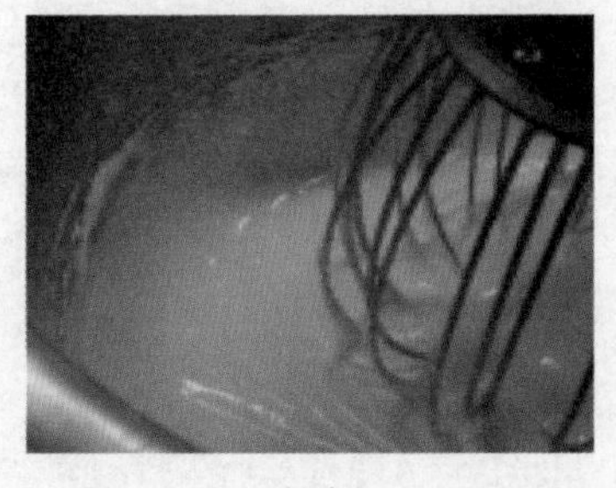

（3）

（4）

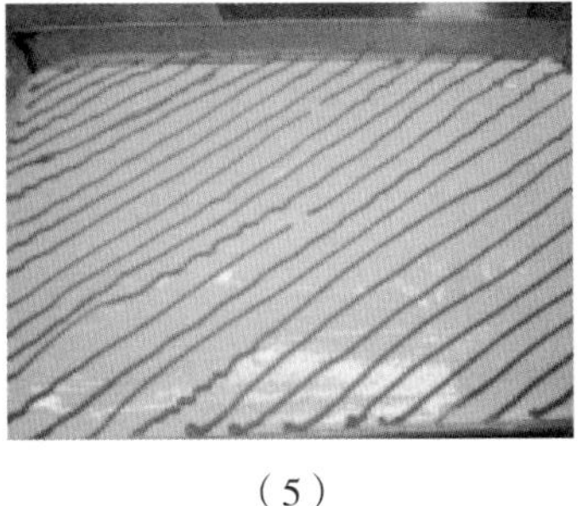

（5）

（6）

瑞士花纹蛋卷的制作

重点难点分析

（1）蛋糕油可以分成小块，与面粉混合一起加入，不能整块投入，难以融化。

（2）蛋糕面糊不能搅打过发，面糊搅打过发，蛋糕烘烤后很难卷起，容易爆裂。

（3）水最好用温水，色拉油最好加热到 50℃ ~60℃加入，防止“沉底”，特别是在冬天，更应该注意。

（4）蛋糕冷却后，最好一分二，纵向卷起，每条切 2 个，每盘 4 个。

2. 橄榄蛋糕

橄榄蛋糕

橄榄蛋糕配方

原料	重量（g）
全蛋	900
砂糖	450
盐	9
低筋面粉	525
泡打粉	9
蛋糕油	45
牛奶	150
色拉油	225

制作过程

工艺流程：搅拌面糊 → 装模烘烤。

（1）搅拌面糊

① 将全蛋打散，投入搅拌桶，加入砂糖，用中速搅拌至砂糖溶解。

② 低筋面粉、泡打粉过筛，慢速加入拌匀。加入蛋糕油，改用快速将面糊打至八成起发。

③ 中速加入牛奶、盐拌匀。

④ 用慢速加入色拉油（色拉油最好加热至 60℃，避免发生沉底现象）。

（2）装模烘烤

① 在橄榄形蛋糕模内扫上一层黄奶油，放上几粒葡萄干，装入面糊，约八分满。

② 入炉以 200℃ /170℃的炉温烤熟，约 20 分钟。出炉后立即脱模取出，有葡萄干的那一面朝下，放在网架上冷却。

（1）

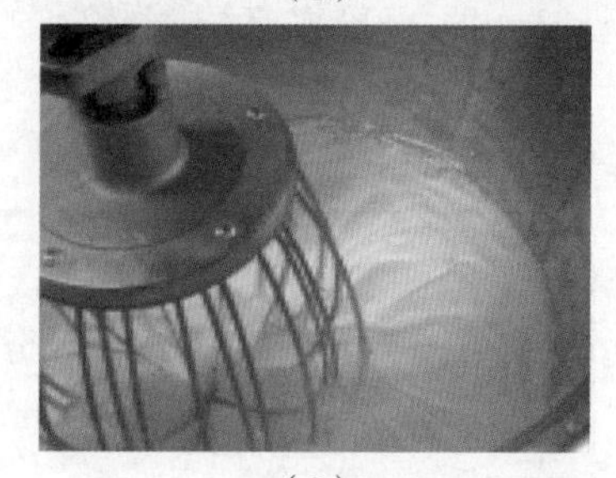

（2）

（3）

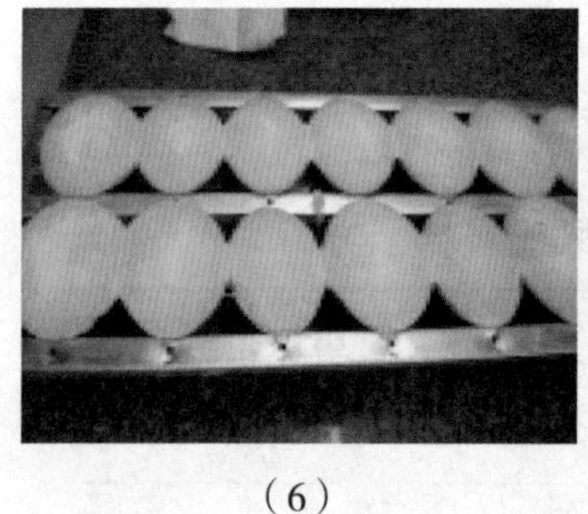

（6）

（5）

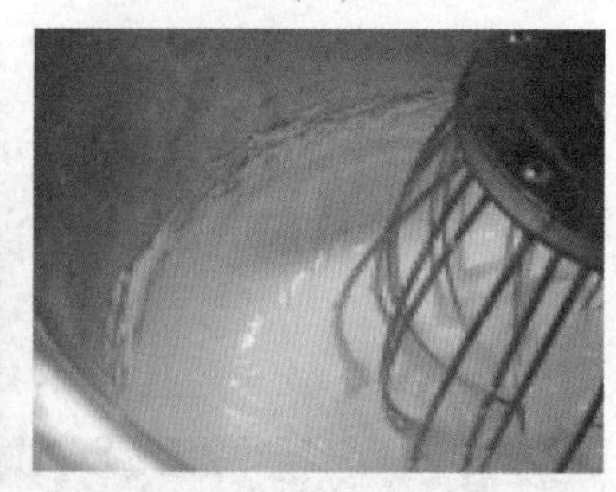

（4）

橄榄蛋糕的制作

（1）要控制好蛋糕面糊打发程度，太过松发，蛋糕出模后会变形，这是在生产中经常遇到的问题。可以用这个方法判断打发程度：用手指蘸取面糊，面糊

每3秒钟滴落一滴，这种程度就可以了。

（2）模具扫油要均匀，否则蛋糕出模困难，必要时可以在油中加少量面粉，但是量不要太大，面粉太多会在蛋糕底部形成一层白色的面粉残留。

（3）烘烤时底火不要太大，这款蛋糕是以底部向上摆放的，底部尽量不要上色，以保持蛋糕鲜嫩的色泽。

3. 西洋杯蛋糕

西洋杯蛋糕

西洋杯蛋糕配方

原料	重量（g）
全蛋	500
细砂糖	250
盐	2
低筋面粉	200
吉士粉	50
泡打粉	5
蛋糕油	20
牛奶	50
色拉油	50

制作过程

工艺流程：搅拌面糊 → 装模烘烤。

（1）搅拌面糊

① 将全蛋放入搅拌桶，加入细砂糖，中速搅拌至细砂糖溶解。

（1）

② 低筋面粉、吉士粉、泡打粉过筛，与蛋糕油一起加入，先慢速拌匀，再快速将面糊打发。

③ 中速加入牛奶、盐拌匀，慢速加入色拉油搅拌均匀。

（2）装模烘烤

① 西洋杯模垫好纸垫，装入蛋浆八九分满。

② 入炉以190℃/170℃的炉温烤熟，时间约20分钟。西洋杯蛋糕的烘烤有两种方法：一是先用210℃/170℃

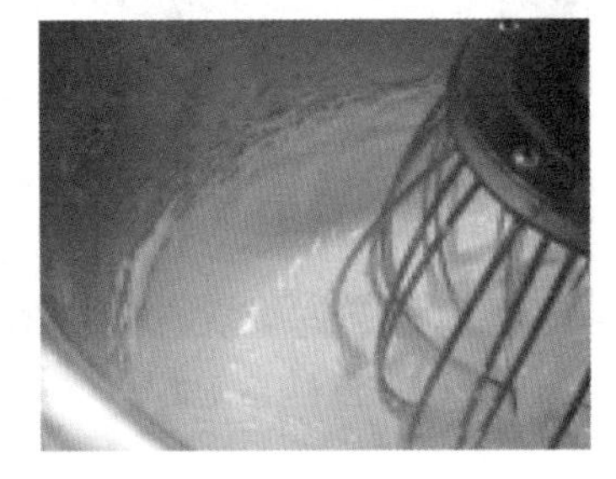

（2）

的炉温烤约10分钟，然后以190℃/180℃的炉温烤熟。这种方法烤出的蛋糕表面不会开裂，表皮形似杯盖，缺点是表面颜色较深。二是用190℃/170℃的炉温直接烤熟，中间不进行炉温调节，时间20分钟。这种方法烤出的蛋糕表面会开裂，形似梅花，表面颜色金黄。

③ 蛋糕出炉后，立即从模具中取出，放在网架上冷却。

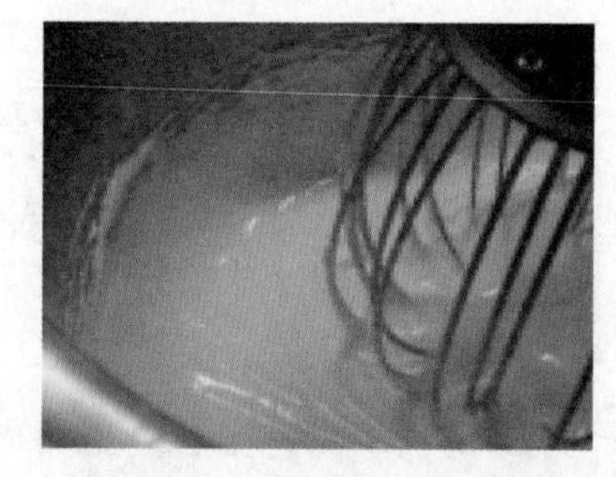

（3）

（6）

（5）

（4）

西洋杯蛋糕的制作

第四节　乳沫类蛋糕（2）

1. 富士蛋糕

富士蛋糕

富士蛋糕配方

原料	重量（g）
蛋白	600
细砂糖	400
塔塔粉	10
盐	4
玉米淀粉	104
水	266
色拉油	200
低筋面粉	366
泡打粉	5
全蛋	55

装饰皮配方

原料	重量（g）
奶油	80
草莓色香油	30
糖粉	110
低筋面粉	185
蛋白	220
全蛋	100
砂糖	60

制作过程

工艺流程：制作蛋糕体 → 制作装饰皮 → 加工装饰。

（1）制作蛋糕体

① 水、色拉油、300g 细砂糖放入物料盆，搅拌至细砂糖溶解。

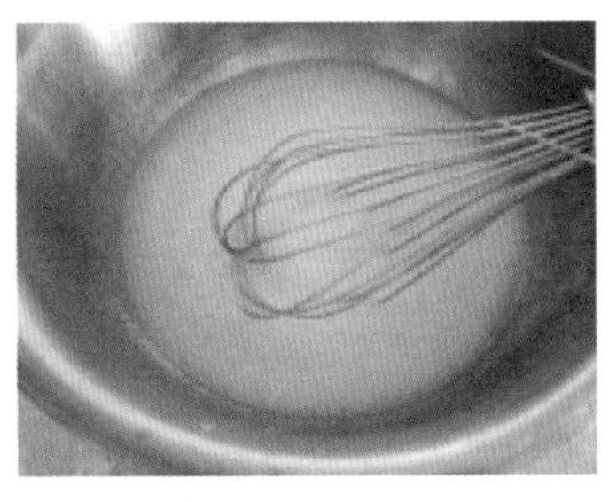

（1）

② 低筋面粉、泡打粉、塔塔粉、4g 玉米淀粉过筛加入，搅拌至无粉粒，加入全蛋，搅拌成光滑细腻的面糊。

③ 蛋白、100g 细砂糖、100g 玉米淀粉、盐投入搅拌桶，搅打至中性起发，呈鸡尾状。

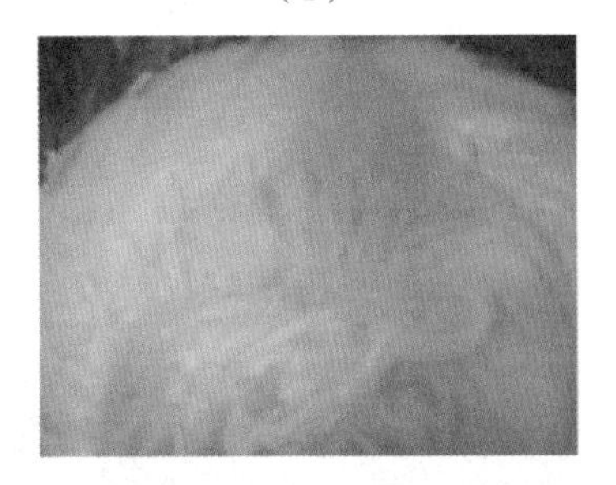

（2）

④ 取 1/3 蛋白浆，与面糊混合均匀，最后加入余下的蛋白浆混合均匀。

⑤ 蛋糕面糊倒入烤盘、抹平，入炉以 190℃ /175℃ 的炉温烘烤 22 分钟左右。

（2）制作装饰皮（同木纹蛋糕皮）

① 奶油、草莓色香油、60g 糖粉、85g 低筋面粉、100g 蛋白搅拌均匀，成红色面糊。

（3）

② 取红色面糊均匀涂在高温布上面，用带齿的刮板划出花纹，风干。

③ 全蛋、砂糖及余下的糖粉、低筋面粉、蛋白搅

拌成白色面糊（详细制作方法参考本章木纹蛋糕），倒入烤盘抹平，烤熟。

（3）加工装饰

蛋糕完全冷却后，平均分成四块，抹奶油叠起，用装饰皮包裹，切件。

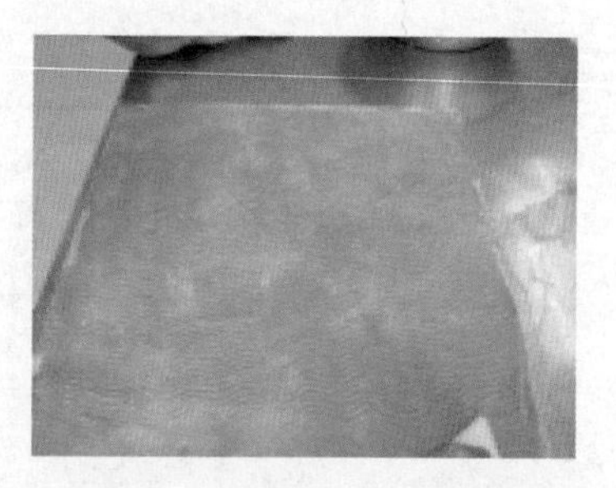

（4）

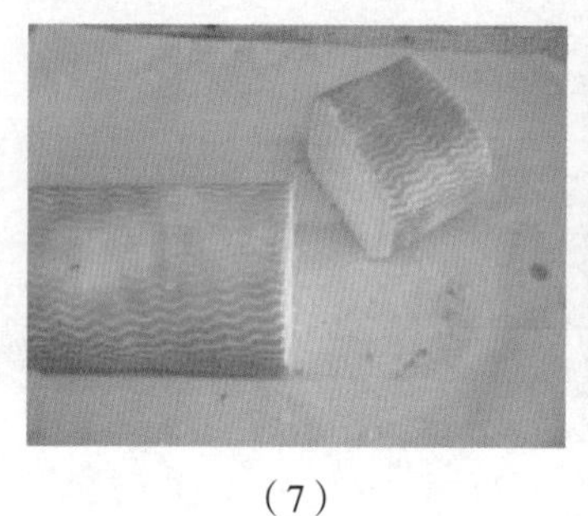

（7）

（6）

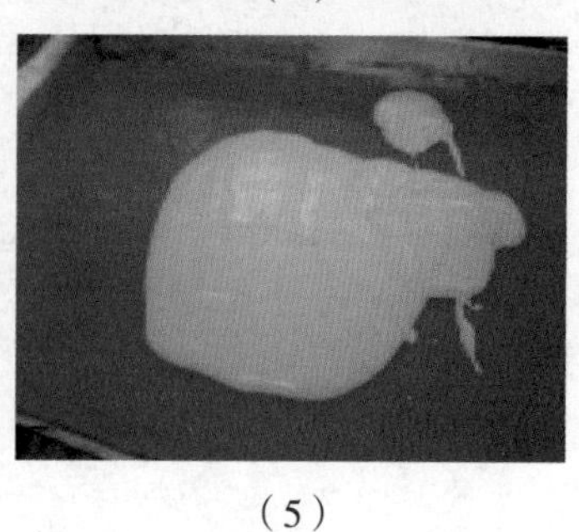

（5）

富士蛋糕的制作

重点难点分析

富士蛋糕制作方法与戚风蛋糕制作方法相同，装饰皮制作方法与木纹蛋糕皮制作方法相同。在搅打蛋白时，不要打发太过，在蛋白部分加入玉米淀粉的目的是避免搅拌过度。

2. 大理石蛋糕

大理石蛋糕

大理石蛋糕配方

原料	重量（g）
全蛋	750
砂糖	400
盐	5
低筋面粉	225
高筋面粉	200
蛋糕油	40

续表

原料	重量（g）
水	225
色拉油	200
可可粉	少许

制作过程

（1）

工艺流程：搅拌面糊 → 装模与烘烤 → 切件与装饰。

（1）搅拌面糊

① 将全蛋打入搅拌桶，加入砂糖，用中速搅拌至砂糖溶解。

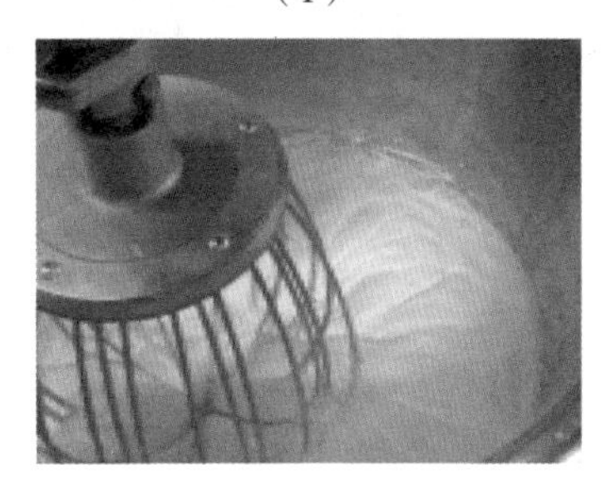
（2）

② 面粉过筛加入，慢速拌匀。加入蛋糕油，改用快速将蛋糕浆打至八成发。

③ 中速加入水、盐，搅拌均匀。

④ 用慢速加入色拉油搅拌均匀。

⑤ 取少量面糊，加入可可粉，用手拌均匀，成巧克力色面糊，倒入原色面糊表面，稍拌一下。

（2）装模与烘烤

（3）

取中号活底蛋糕模（生日蛋糕模）两个，倒入蛋糕面糊，入炉以 190℃ /170℃的炉温烤熟，约 38 分钟。

（3）切件与装饰

蛋糕完全冷却后，脱模取出，切成三角形。

（6）

（5）

（4）

大理石蛋糕的制作

重点难点分析

（1）制作的巧克力色面糊不要太多，倒入原色面糊时不要过度搅拌，否则花纹不清晰。

（2）这款蛋糕也可以一次做两份的量，倒入直角烤盘内烤熟，冷却后切成方块。

3. 蜂蜜千层蛋糕

蜂蜜千层蛋糕

蜂蜜千层蛋糕配方

原料	重量（g）
全蛋	700
砂糖	300
盐	4
低筋面粉	350
奶香粉	6
三花奶	70
蛋糕油	30
色拉油	140
蜂蜜	60

制作过程

工艺流程：搅拌面糊 → 装模烘烤 → 切件装饰。

（1）搅拌面糊

① 将全蛋放入搅拌桶，加入砂糖用中速搅拌至砂糖溶解。

② 低筋面粉、奶香粉过筛加入，慢速拌匀。加入蛋糕油，改用快速将蛋糕浆打发。

③ 加入三花奶和蜂蜜，中速搅拌均匀。

④ 加入色拉油、盐，慢速搅拌均匀。

（2）装模烘烤

① 烤盘垫纸，取蛋糕浆的 1/3，倒入烤盘，刮平，以 200℃ /170℃的炉温烤熟。

② 出炉后稍冷却一下，再倒入第二层面糊刮平，以 200℃ /0℃的炉温烤熟。用同

样的方法倒入第三层面糊，刮平，烤熟。

（3）切件装饰

蛋糕完全冷却后，从烤盘中取出，平均分成四块，抹奶油叠起，然后切成三角形。

（1） （2） （3）

（4） （5） （6）

（7）

蜂蜜千层蛋糕的制作

重点难点分析

（1）烤第二层和第三层时可以不用底火，如果温度太高一时难以降低，可以再垫一个烤盘隔热。

（2）在倒入蛋糕浆时，可以适当减少第二层蛋糕浆的量，增加第一层和第三层蛋糕浆的量，这样蛋糕外形比较完整。

（3）千层蛋糕表皮比较软，容易脱落，如果需要包装，在折叠时，顶部向内，底部向外，以方便包装。

（4）蛋糕中加有蜂蜜，上色比较快，成品色泽比较深，在烘烤时要注意。

第五节　戚风类蛋糕

戚风类蛋糕质地非常轻柔，它用色拉油、鸡蛋、糖、面粉、泡打粉为基本材料，利用蛋白搅打过程中充入的大量空气，来获得膨松的体积的。戚风类蛋糕含足量的色拉油和鸡蛋，因此质地非常湿润，不像传统牛油蛋糕那样容易变硬，因此更适合有冷藏需要的蛋糕，如慕斯蛋糕等。

1. 咖啡蛋卷

咖啡蛋卷

咖啡蛋卷配方

原料	重量（g）
蛋白	500
塔塔粉	6
细砂糖	300
盐	3
水	135
色拉油	135
低筋面粉	250
玉米淀粉	20
泡打粉	3
可可粉	20
蛋黄	250

制作过程

工艺流程：制作蛋糕面糊 → 装模烘烤 → 切件装饰。

（1）制作蛋糕面糊

① 水、色拉油、250g 细砂糖放入物料盆，搅拌至细砂糖溶解。

② 低筋面粉、玉米淀粉、可可粉、泡打粉过筛，加入物料盆，搅拌均匀，无粉粒。

③ 加入蛋黄，搅拌成光滑细腻的面糊。

④ 蛋白放入打蛋桶，中速打至发泡，加入余下的细砂糖、塔塔粉、盐，高速打至中性起发，呈公鸡尾状。最后改用慢速搅拌 2 分钟，以打散蛋白浆内的大气泡。

⑤ 取 1/3 蛋白浆，与面糊混合均匀，最后加入余下的蛋白浆混合均匀。

（2）装模烘烤

蛋糕面糊倒入烤盘，抹平，入炉以 190℃ /170℃的炉温烤熟，约 22 分钟。

（3）切件装饰

蛋糕完全冷却后，从中间一分为二，抹奶油纵向卷起，切件。

（1） （2） （3）

（4） （5） （6）

（7）

咖啡蛋卷制作过程

重点难点分析

（1）在搅打蛋白时，一定要等蛋白打出大量泡沫后才可以放细砂糖，过早加入细砂糖，蛋白黏度会增大，很难打发，并且打发后的蛋白稳定性差、体积小。

（2）蛋糕面糊中加入少量玉米淀粉，能使蛋糕组织更加细腻，口感更加嫩滑。

（3）面糊中用的色拉油，最好用液态酥油代替，效果会更好。

2. 玉枕蛋糕

玉枕蛋糕

玉枕蛋糕配方

原料	重量（g）
蛋白	475
塔塔粉	3
细砂糖	375
盐	2
水	125
液态酥油	125
低筋面粉	325
泡打粉	3
蛋黄	200
全蛋	50

制作过程

工艺流程：制作蛋糕面糊 → 装模烘烤 → 切件装饰。

（1）制作蛋糕面糊。

① 水、液态酥油、250g 细砂糖放入物料盆，搅拌至细砂糖溶解。

② 低筋面粉、泡打粉过筛，加入后搅拌均匀，至无粉粒。

③ 加入蛋黄、全蛋，搅拌成光滑细腻的面糊。

④ 蛋白放入打蛋桶，中速打至发泡，加入余下的细砂糖、塔塔粉、盐，高速打至中性起发，呈公鸡尾状。最后改用慢速搅拌 1 分钟，目的是打散蛋白浆内的大气泡。

⑤ 取 1/3 蛋白浆，与面糊混合均匀，最后加入余下的蛋白浆混合均匀。

（2）装模烘烤。

面糊装入吐司模，8 分满，在面糊表面中间位置挤上一条奶油，入炉以 180℃ /160℃的炉温烘烤，时间约 32 分钟。

（3）切件装饰。

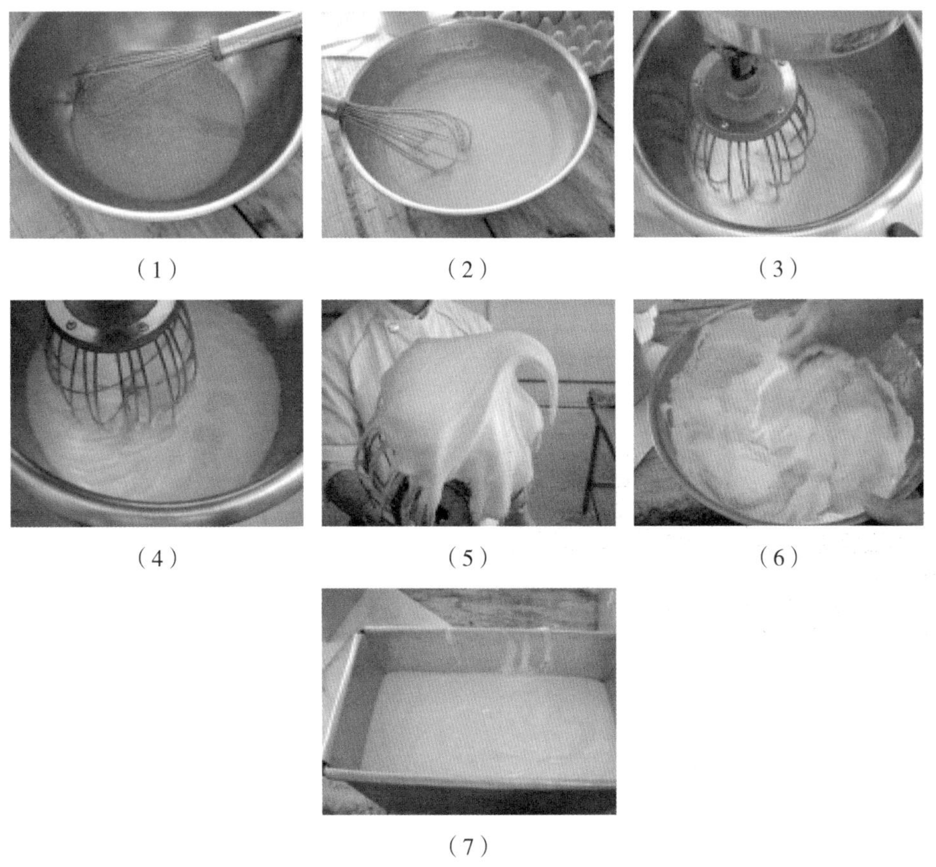
（1）（2）（3）（4）（5）（6）（7）

玉枕蛋糕制作过程

重点难点分析

（1）在面糊表面正中间挤上一条黄奶油，可以使蛋糕自然地从中间裂开，也可以在烘烤10分钟左右时用刀片从中间划开一条缝，效果相同。

（2）在吐司模底部要垫一小张白纸，容易脱模。但是，吐司模壁不能有油，否则蛋糕会塌陷。

（3）出炉后蛋糕侧立的目的是防止收缩变形。

3. 甜筒蛋糕

甜筒蛋糕

甜筒蛋糕配方

原料	重量（g）
蛋白	425
塔塔粉	5
细砂糖	125
盐	4
全蛋	100
水	40
低筋面粉	150
玉米淀粉	25
蛋黄	200

制作过程

工艺流程：制作蛋糕面糊 → 装模烘烤 → 加工装饰。

（1）制作蛋糕面糊

① 蛋黄、全蛋、水搅拌均匀，加入过筛的低筋面粉、玉米淀粉，拌匀。

② 蛋白、塔塔粉搅拌至起泡后加入细砂糖、盐打发，最后与面糊部分混合拌匀。

（2）装模烘烤

① 蛋糕面糊装入裱花袋，在白纸上挤成等边三角形，表面撒上椰蓉。

② 入炉以 210℃ /170℃的炉温烤熟，约 15 分钟。

（3）加工装饰

① 冷却后在一边抹果酱，卷成圆锥形。

② 在蛋糕内挤入打发的鲜奶油，蘸取黑色巧克力封好口。

（1）

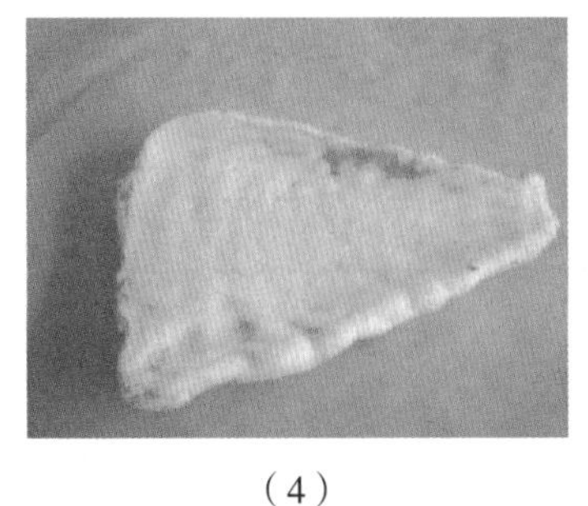

（4）

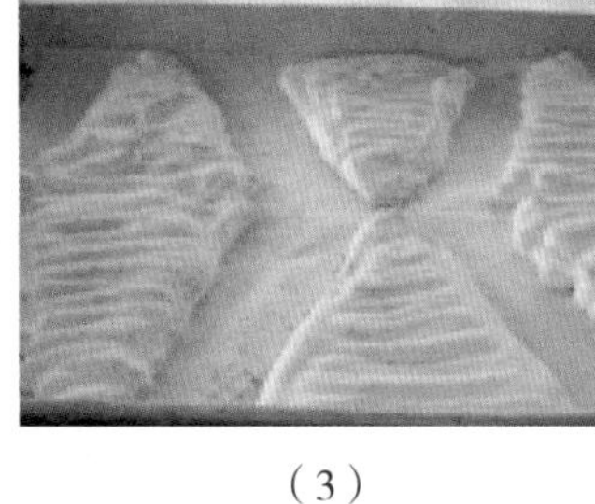

（3）

（2）

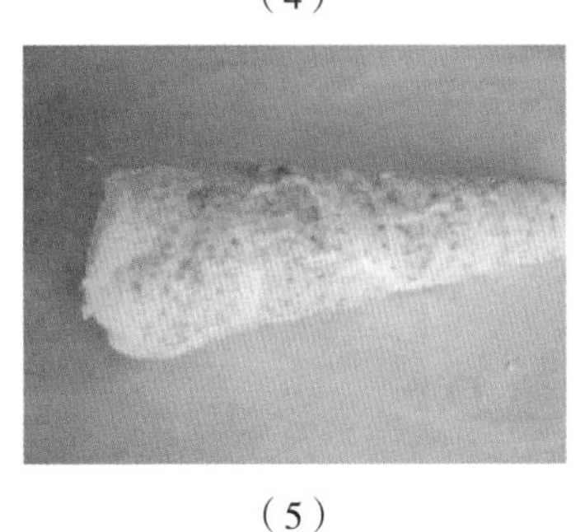

（5）

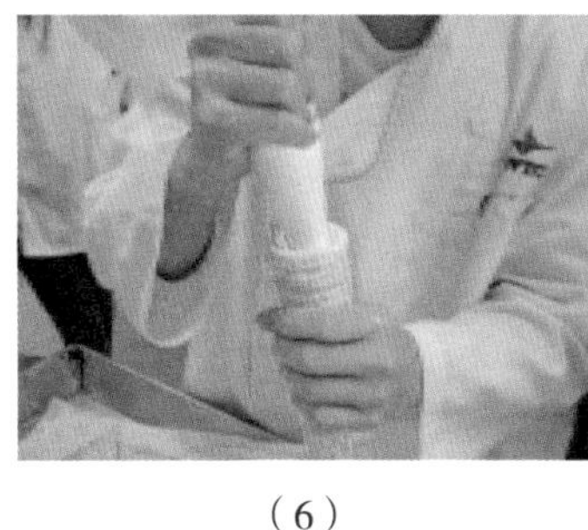

（6）

（7）

甜筒蛋糕制作过程

重点难点分析

（1）蛋白打至中性起发，不要太软。

（2）蛋糕表面撒椰蓉的目的是在加工时表皮不会脱落、粘手。

（3）在挤注蛋糕面糊时，面糊的厚度要适中，面糊太薄，卷起后的蛋糕会显得“瘦小”；面糊太厚，很难卷起，并且中间没有空间，无法挤入鲜奶油。

4. 香橙蛋卷

香橙蛋卷

香橙蛋卷配方

原料	重量（g）
鸡蛋	750
砂糖	330
盐	3
低筋面粉	200
玉米淀粉	75
牛奶	100
色拉油	100
香橙色香油	5

制作过程

工艺流程：制作蛋糕面糊 → 装盘烘烤 → 加工装饰。

（1）制作蛋糕面糊

① 鸡蛋、砂糖慢速搅拌至砂糖溶解，然后快速打发（用手勾取蛋液，约 3 秒钟滴一滴即可）。

② 低筋面粉、玉米淀粉过筛，加入，用手拌匀。

③ 色拉油、牛奶、香橙色香油、盐混合均匀，加入后用手拌匀。

（2）装盘烘烤

蛋糕装盘，以 190℃ /170℃的炉温烤熟。

（3）加工装饰

蛋糕冷却后，分成四块，抹奶油后卷起，切件。

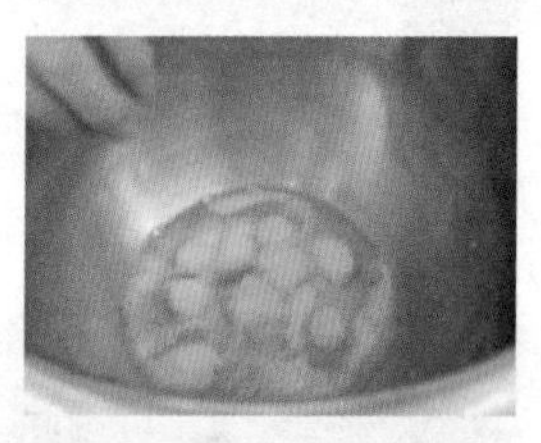
（1）

（2）

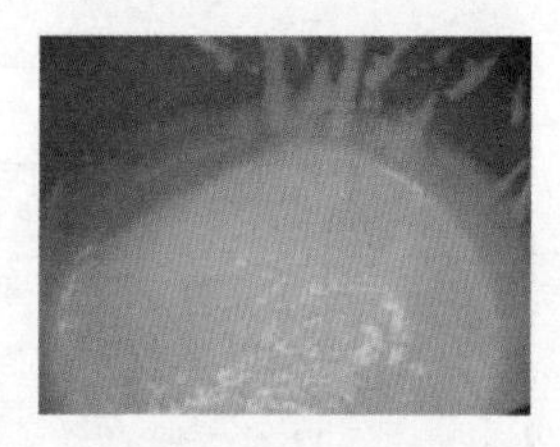
（3）

（7）

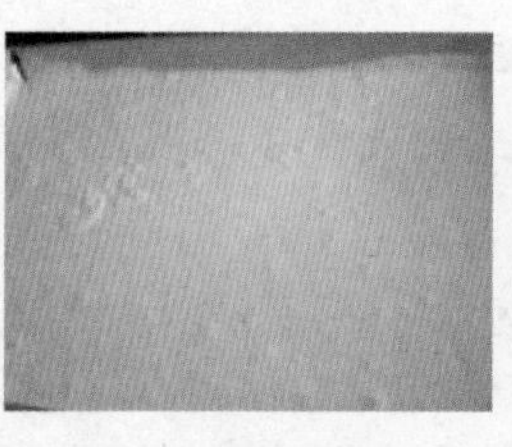
（6）

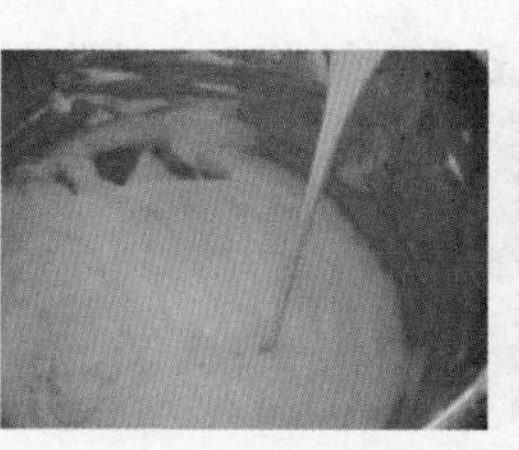
（5）

（4）

香橙蛋卷制作过程

戚风类蛋糕不添加任何的稳定剂、乳化剂，只在搅打鸡蛋时充入空气，因此稳定性比较差，在搅拌时，动作要轻，速度要快。

可以添加不同的风味物质，制作出不同的蛋糕，如加入绿茶粉，制作绿茶蛋糕卷；加入可可粉，制作成咖啡蛋糕卷。

第六节　装饰类蛋糕

1. 虎皮蛋卷

虎皮蛋卷

虎皮蛋卷配方

原料	重量（g）
蛋黄	400
糖粉	130
玉米淀粉	50

戚风蛋卷配方

原料	重量（g）
蛋白	650
塔塔粉	8
细砂糖	420
盐	4
水	175
色拉油	175
低筋面粉	325
玉米淀粉	50
泡打粉	4
蛋黄	250

制作过程

工艺流程：制作戚风蛋卷 → 制作虎皮 → 加工装饰。

（1）制作戚风蛋卷

戚风蛋卷的制作方法同咖啡蛋卷。

（2）制作虎皮

① 蛋黄、糖粉一起投入搅拌桶，先慢速搅拌均匀，然后高速打至发白。

② 玉米淀粉过筛，慢速加入搅拌均匀。

③ 烤盘涂一层油，垫一张白纸，倒入面糊，抹平。入炉以 220℃ /100℃的炉温烤熟。

（3）加工装饰

虎皮冷却后取出，在底面抹上果酱，包在戚风蛋卷表面，切件。

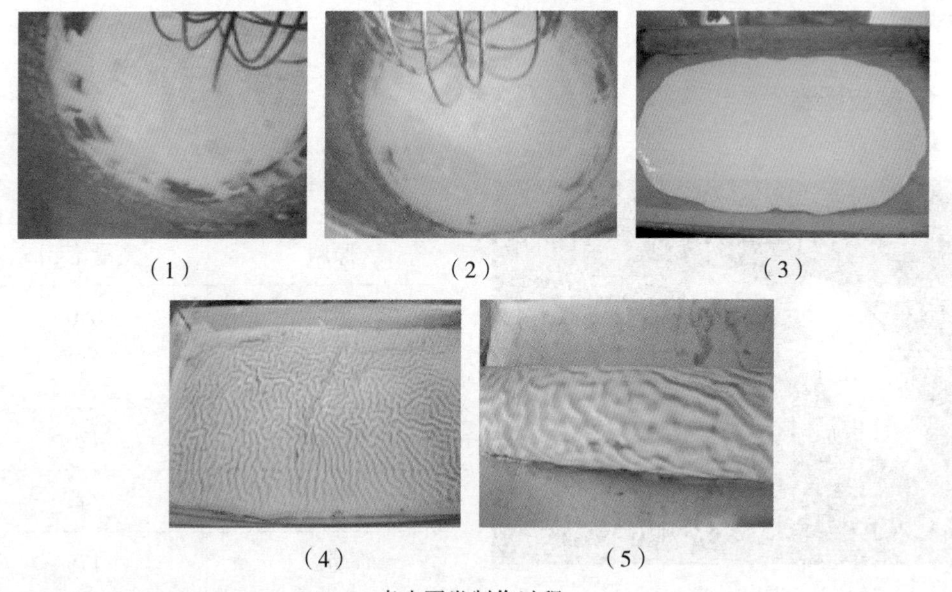

虎皮蛋卷制作过程

制作虎皮蛋卷时，注意掌握好蛋浆打发程度，否则虎皮花纹不清晰。烘烤时，掌握好炉温，如果底火太大，会影响花纹的清晰度，必要时可以垫一个烤盘来减小底火的影响。

2. 椰蓉蛋卷

椰蓉蛋卷

椰蓉蛋卷配方

原料	用量
戚风蛋卷	1 条
细砂糖	80g
酥油	80g
盐	2g
麦芽糖浆	20g
鸡蛋	70g
椰蓉	100g

制作过程

工艺流程：制作装饰馅料 → 加工装饰 → 烘烤。

（1）制作装饰馅料

①取戚风蛋卷 1 条，抹奶油卷起备用（戚风蛋卷的制作方法同咖啡蛋卷）。

② 酥油、细砂糖、盐一起投入物料盆，搅拌均匀。

③ 麦芽糖浆、鸡蛋先搅拌一下，使麦芽糖浆稀释软化，再放入物料盆，与其他原料混合均匀。

④ 加入椰蓉拌匀。

（2）加工装饰

① 取白纸一张，刷上色拉油，把搅拌好的馅料铺在上面，压薄。然后在表面扫上一层蛋清，包在戚风蛋卷上面，取下白纸。

② 用抹刀在表面压出菱形花纹，扫蛋黄，放在烤盘背面。

（3）烘烤

入炉以 210℃ /0℃的炉温烤至金黄色，冷却后切件。

（1）

（2）

（3）

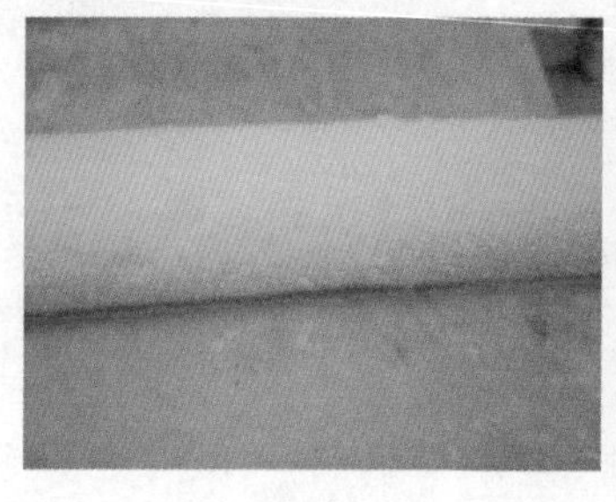
（4）

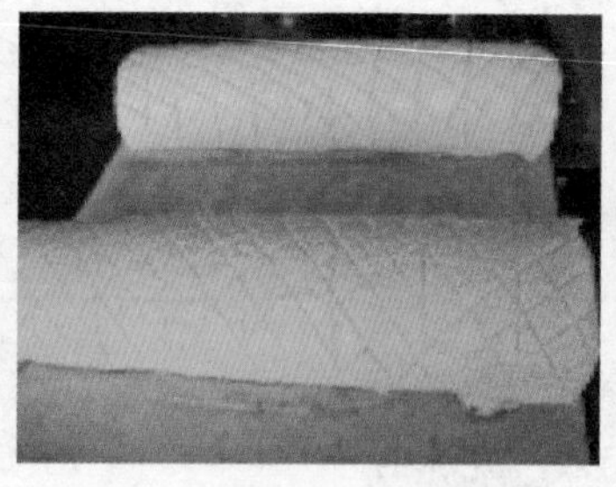
（5）

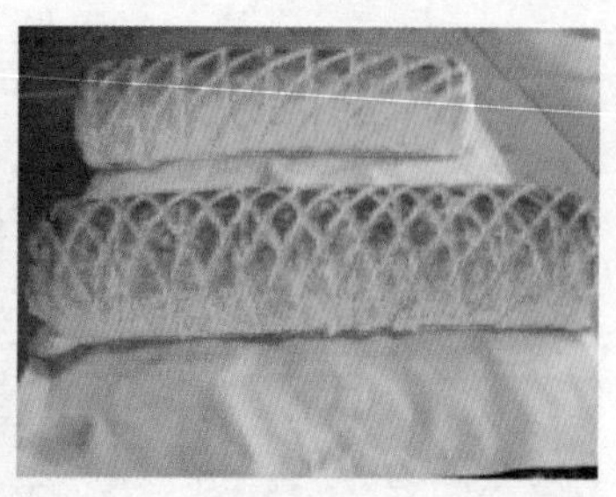
（6）

椰蓉蛋卷制作过程

重点难点分析

（1）麦芽糖浆要先和蛋液稀释软化再加入，避免出现麦芽糖浆结块、难以混合均匀的情况。

（2）蛋糕在切件时表皮易碎，操作时要小心，也可以在馅料中加入少量香橙果酱，增加黏性。

（3）蛋糕在烘烤时不需要底火，最好把烤盘翻转，把蛋糕放在烤盘背面烘烤。

3. 木纹蛋糕

木纹蛋糕

木纹蛋糕装饰皮配方

原料		重量（g）
黑色部分	奶油	80
	可可粉	30
	糖粉	60
	低筋面粉	65
	蛋白	100
白色部分	全蛋	100
	糖粉	50
	低筋面粉	100
	蛋白	120
	砂糖	60

制作过程

工艺流程：制作装饰皮 → 加工装饰。

（1）制作装饰皮

① 黑色部分：把奶油加热，加入可可粉拌匀，再加入 60g 糖粉和 65g 低筋面粉拌匀；加入 100g 蛋白搅拌成黑面糊；将黑面糊倒在高温布上，用木纹根刮出木纹，放入烤盘，风干备用。

② 白色部分：将全蛋和 50g 糖粉混合拌匀，然后加入低筋面粉搅拌均匀，备用；把蛋白、砂糖打发至原来体积的 1.5 倍，然后与面糊部分充分混合，搅拌成白色面糊；将白色面糊倒到高温布上面，盖住黑色部分，抹平，以 190℃ /160℃的炉温烤熟，约 10 分钟。

（2）加工装饰

装饰皮冷却后从高温布上缓慢取下，抹奶油。另取蛋糕卷一条，用木纹皮包裹，切件，即成木纹蛋糕。

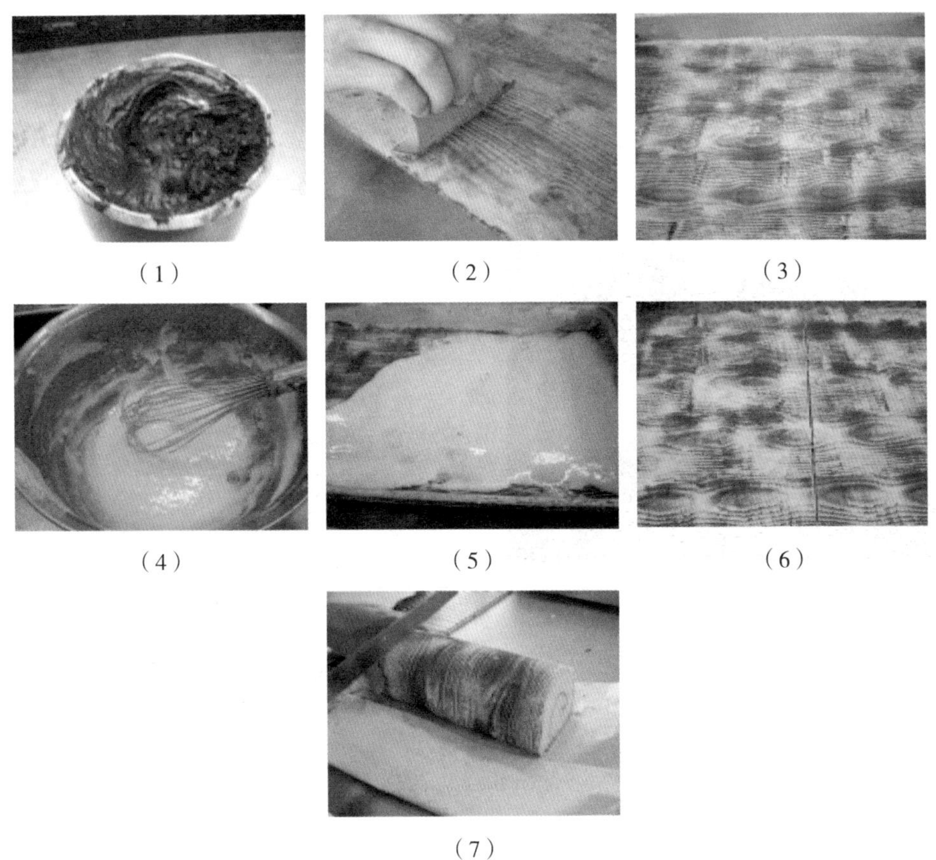

（1）（2）（3）（4）（5）（6）（7）

木纹蛋糕制作过程

重点难点分析

（1）木纹刮好后，一定要等其风干之后，再倒入白色面糊，否则黑色面糊不能完全转印到白色表皮上，图案残缺不美观。

（2）在制作白色面糊时，全蛋、砂糖不要搅打过发，如果打发程度太高，木纹皮口感虽然松软，但是容易破裂；标准的木纹皮花纹清晰，质地柔软。

（3）黑色面糊如果用不完，可以存放起来，第二天加少许蛋白再用。

4. 巧克力屋顶蛋糕

巧克力屋顶蛋糕是一款传统的蛋糕产品，外形呈三角形，酷似屋顶，因此而得名。巧克力屋顶蛋糕制作工序比较复杂，特别是在切割时，容易偏斜、不对称。

巧克力屋顶蛋糕

巧克力屋顶蛋糕配方

原料	重量（g）
全蛋	500
砂糖	280
低筋面粉	220
奶粉	15
小苏打	3
可可粉	25
色拉油	50
水	50
黑巧克力	500
鲜奶油	400

制作过程

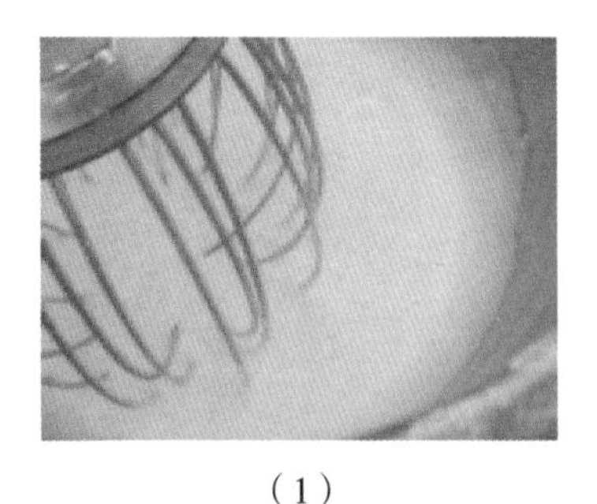

（1）

工艺流程：制作巧克力蛋糕体→切割成型→淋巧克力酱。

（1）制作巧克力蛋糕体

① 全蛋、砂糖先慢速搅拌均匀，然后高速搅打至松发，即用手勾取面糊 2 秒钟滴一滴的程度。

② 低筋面粉、奶粉、小苏打、可可粉过筛，慢速加入，搅拌均匀。

（2）

③ 色拉油、水拌匀，加入面糊中，搅拌均匀。

④ 烤盘垫纸，倒入蛋糕面糊，抹平，入炉以 190℃ / 170℃的炉温烤熟。

（5）

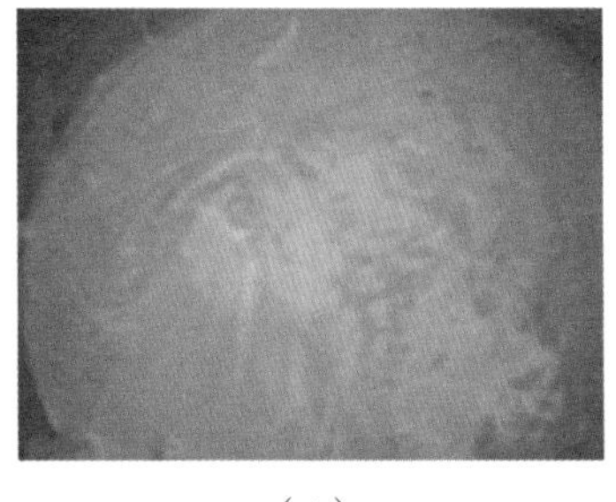

（4）

（3）

巧克力蛋糕体制作过程

（2）切割成型

① 蛋糕抹奶油叠起来。在企业生产中，一般会将蛋糕横向平均分成 8 块，每 4 块为一组进行摆放。

② 叠起的蛋糕对角切开，抹上奶油，背靠背粘起来。

③ 表面抹奶油装饰，放入冰箱冻硬。

（3）淋巧克力酱

① 鲜奶油煮开，晾凉至 60℃ ~70℃备用。

② 黑巧克力隔水加热，加入鲜奶油慢慢搅拌均匀，成巧克力酱，装入裱花袋备用。

③ 取出冻好的蛋糕，放在白纸上，均匀地淋上巧克力酱。

④ 巧克力酱凝固后，用刀切成 3 厘米厚的小块。

（1）（2）（3）

（4）（5）（6）

切割、淋酱过程

重点难点分析

（1）在切割时，如果蛋糕太长，很难准确地对角切开，为了切割方便，可以先把蛋糕从中间切开，分成25厘米长度的小块，再对角切开。

（2）蛋糕抹奶油装饰时要平整，这样淋上巧克力后才光滑。

（3）加热巧克力时要控制好温度，加入鲜奶油后最终温度控制在60℃左右。如果巧克力酱的温度太高，淋上的巧克力酱太少、太薄，蛋糕会不光亮。如果巧克力酱温度太低，淋上的巧克力酱会太厚，并且不均匀。

（4）巧克力凝固后，切割蛋糕时巧克力容易破碎，因此在切件时可以先准备一盆热水，把刀在热水中烫一下，再切割蛋糕，这样巧克力就不会破碎。

第六章　西饼制作技术

第一节　曲奇

一、软质曲奇

软质曲奇

软质曲奇配方

原料	重量（g）
黄奶油	500
酥油	500
细砂糖	450
全蛋	180
低筋面粉	1200
奶粉	60

制作过程

工艺流程：制作面糊 → 成型 → 烘烤。

（1）制作面糊

① 黄奶油、酥油、细砂糖放入搅拌机，中速打至发白。

② 分次加入全蛋，慢速搅拌均匀。

③ 低筋面粉、奶粉过筛，慢速加入搅拌均匀。

（2）成型

面糊装入裱花袋，用曲奇花嘴挤成各种形状。

（3）烘烤

入炉以 180℃ /150℃的炉温烤至金黄色。

（1）

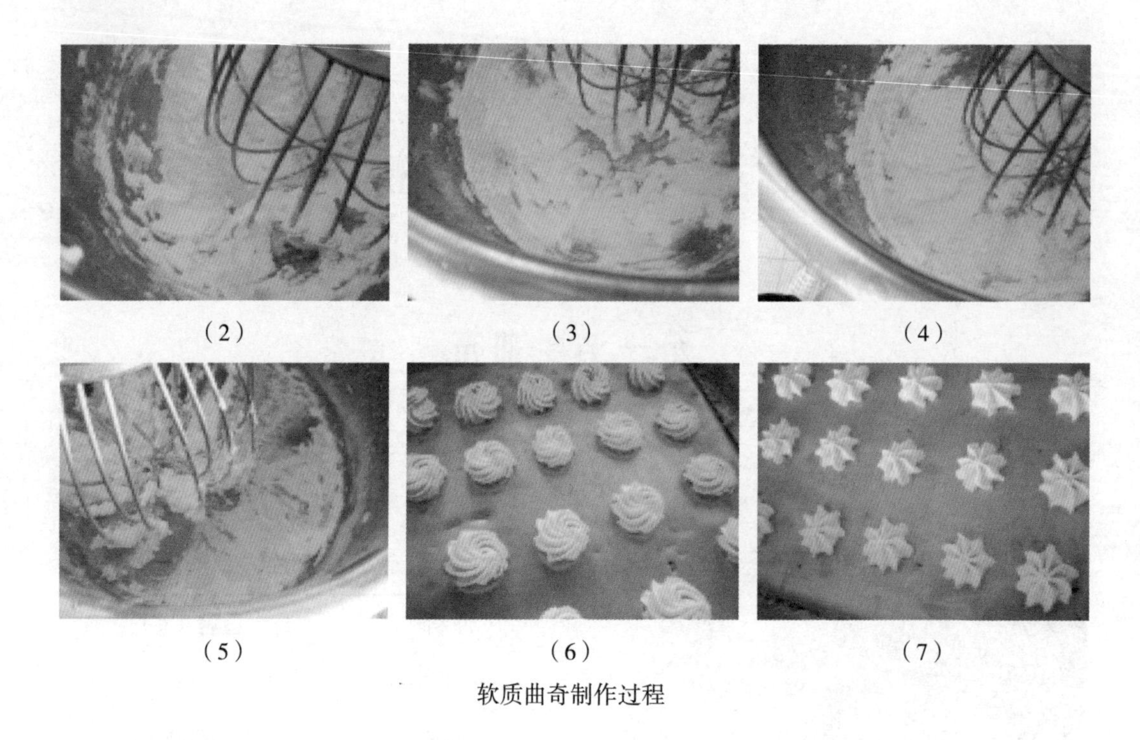

（2） （3） （4）

（5） （6） （7）

软质曲奇制作过程

（1）黄奶油的搅打时间不要太久，最好用桨形搅拌器搅打奶油。

（2）加入全蛋时不要太快，应分次加入，搅拌均匀后再加另一个。

（3）在挤注成型时，曲奇要大小均匀、薄厚一致。

二、双色曲奇

双色曲奇是一种冰箱曲奇，常做成原味（白色）和巧克力味两种，它色彩对比强烈、造型别致，是常见的宴会点心之一，配方如下：

白色面团配方

原料	重量（g）
奶油	335
糖粉	180
蛋液	85
低筋面粉	500

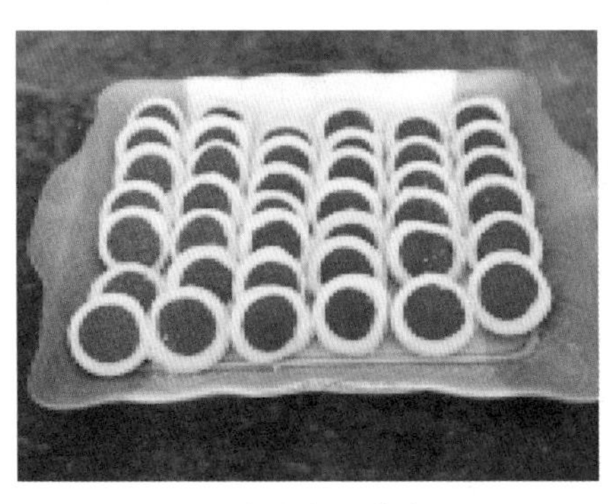

巧克力夹心曲奇

黑色面团配方

原料	重量（g）
奶油	335
糖粉	180
蛋液	85
低筋面粉	500
可可粉	50

1. 巧克力夹心曲奇

制作过程

工艺流程：制作面团 → 成型 → 烘烤。

（1）制作面团

用“糖油拌合法”制作出白色面团和黑色面团，放入冰箱冷冻备用：

① 奶油、糖粉用扇形搅拌器搅拌至呈乳白色。黑色面团需要加入可可粉。

② 分次加入蛋液搅拌均匀。

③ 低筋面粉过筛，慢速加入，搅拌均匀。

（2）成型、烘烤

① 取白色面团 400g 擀成厚度为 0.3~0.4 厘米的长方形。

② 取黑色面团 400g，搓成长圆柱，长度同白色面团，直径约 3 厘米，在白色面团表面刷一层清水，放上黑色面

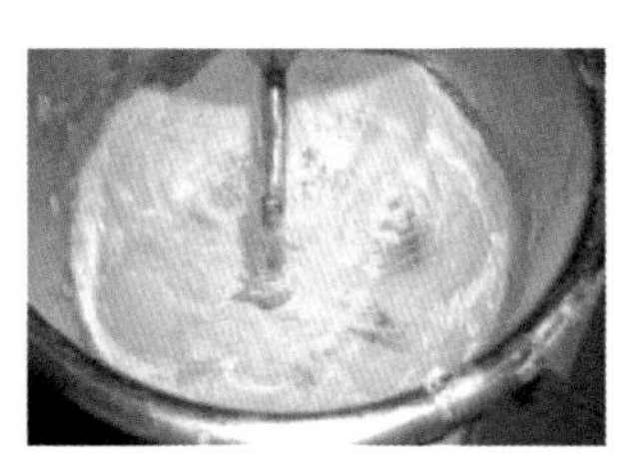

（1）

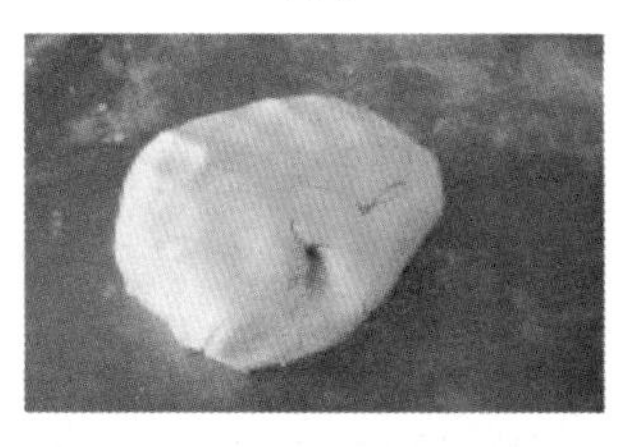

（2）

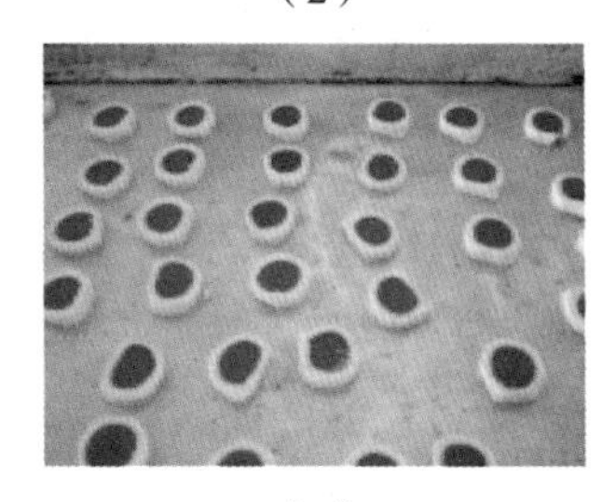

（3）

巧克力夹心曲奇的制作

团，卷成圆柱，放入冰箱冻硬。

③ 把面团取出切成小块，厚度为 0.3~0.4 厘米，摆盘烘烤，入炉以 180℃ /150℃的炉温烤熟。

2. 棋格曲奇

棋格曲奇

制作过程

（1）

（2）

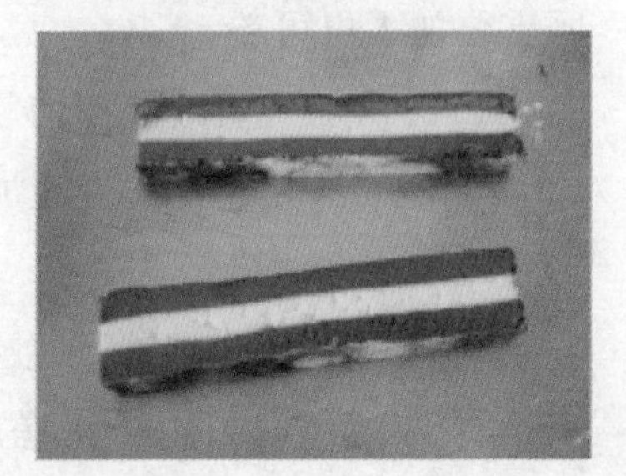

（3）

工艺流程：制作面团 → 成型 → 烘烤。

（1）制作面团

使用“糖油拌合法”制作出白色面团和黑色面团，放入冰箱冷冻备用。

（2）成型、烘烤

① 取白色面团 600g，分成 3 份，每份 200g。分别擀成长方形面块，厚 1 厘米。

② 同样取黑色面团 600g，分成 3 份，擀成长方形面块，厚 1 厘米。

③ 取一块白色面块，扫清水，放上一块黑色面团，再用同样的方法放一块白色面块。顺序为白、黑、白，此为 A 面块。

④ 取一块黑色面块，扫清水，放上一块白色面团，再用同样的方法放一块黑色面块。顺序为黑、白、黑，此为 B 面块。

⑤ 叠好的面块放入冰箱冷冻。

⑥ 面块取出，切成 1 厘米厚的条形。

⑦ 取 A 面块，表面扫清水，放上 B 面块粘好，同样在 B 面块表面扫水，再放上 A 面块，顺序为 A–B–A，放入冰箱冻硬。

⑧ 用同样的方法叠出顺序为 B–A–B 的面块。

⑨ 面块冻硬后取出，切成 1 厘米厚的方块，放盘，入炉，烘烤，炉温为 180℃ /150℃。

（4）

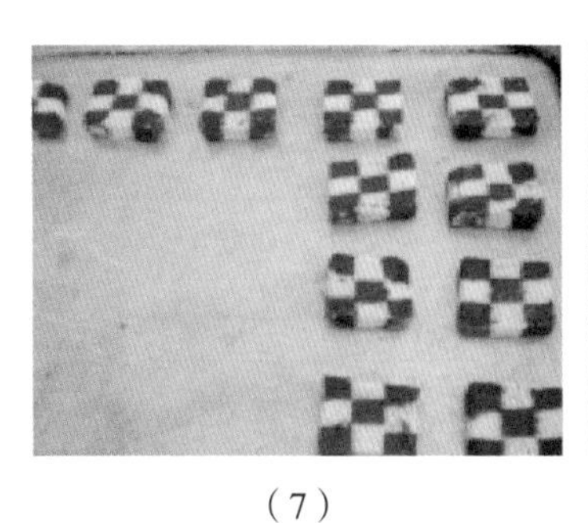

（7）

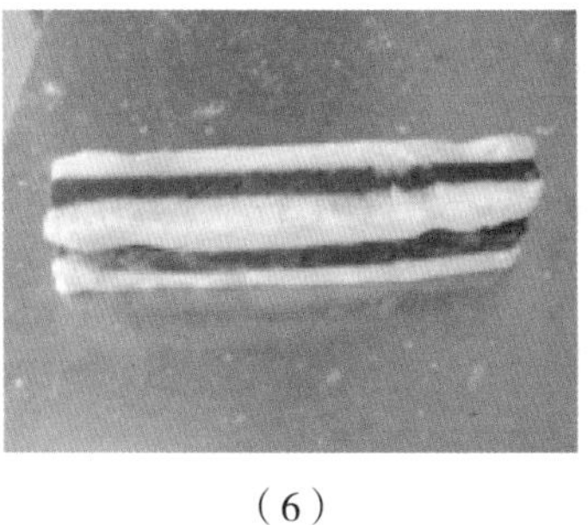

（6）

（5）

棋格曲奇制作过程

（1）在制作过程中，面团一定要冻硬后再操作，否则制品容易变形，不美观。

（2）在叠放面块时，要扫清水粘牢，防止面块在切割时散开。每个面块的厚度、大小要一致，这样成品才整齐美观。

三、杏仁曲奇

杏仁曲奇

杏仁曲奇配方

原料	用量
黄奶油	1500g
糖粉	1000g
蛋液	500g
低筋面粉	2000g
奶粉	60g
香草粉	10g
杏仁片	1000g
柠檬皮	10个

制作过程

工艺流程：制作面团 → 成型 → 烘烤。

（1）制作面团

① 低筋面粉、奶粉、香草粉过筛，加入杏仁片、柠檬皮（擦成细粒）备用。

（1）

② 黄奶油、糖粉放入搅拌桶，用扇形搅拌器高速打至发白。

③ 分次加入蛋液，中速搅拌均匀。

④ 加入低筋面粉和杏仁片，慢速搅拌均匀。

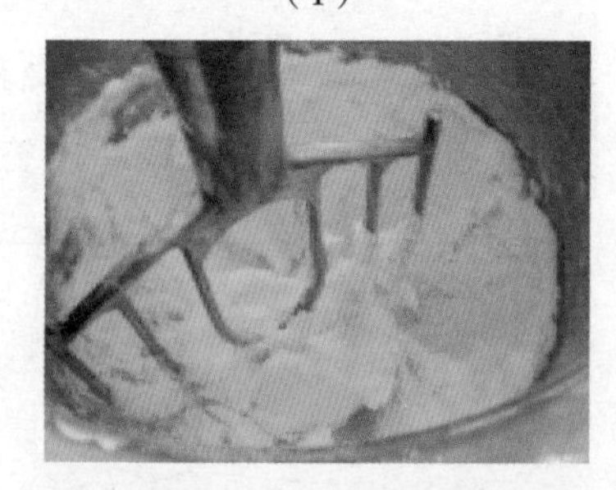
（2）

（2）成型、烘烤

① 将搅拌好的面糊装入托盘，整型抹平，切成 2.5 厘米厚的方形面块，放入冰箱冻硬。

② 冷冻好的面块取出，切成 0.4 厘米厚的薄片，入炉以 180℃ /150℃的炉温烤至金黄色。

（3）

（4）

（5）

（6）

杏仁曲奇制作过程

（1）曲奇面糊装入托盘冷冻时，要在托盘内铺上一层保鲜膜，防止面块粘盘，无法取下。并且，面块表面要盖上保鲜膜，防止风干。

（2）切片时，不能切得太薄或太厚。如果太薄，曲奇上色不均匀，容易烤焦；如果太厚，曲奇成熟困难，不松脆。

第二节　起酥类点心

1. 小香酥

小香酥

小香酥配方

原料		重量（g）
水皮	高筋面粉	1000
	细砂糖	40
	牛油	100
	牛奶香粉	5
	盐	10
	全蛋	100
	水	550
油心	起酥油	500
馅	肉松	300
	沙拉酱	100

续表

原料		重量（g）
馅	火腿粒	40
	瓜仁碎	25
	细砂糖	25

制作过程

工艺流程：制作酥皮 → 制作馅料 → 成型 → 烘烤。

（1）制作酥皮

① 水皮部分：所有原料投入搅拌桶，搅拌至面筋完全扩展，放入冰箱冷冻 30 分钟。

② 水皮擀开成长方形，起酥油放在中间，包好。

③ 先用酥棍将水皮小心敲打一遍，然后擀成长方形，向中间三折一次。

④ 再擀开成长方形，两端向中间对折，即四折一次，放入冰箱冷冻 30 分钟以上。

⑤ 取出用同样的方法再折一次，冷冻 30 分钟以上。

（1） （2） （3） （4） （5） （6） （7） （8）

酥皮制作过程

（2）制作馅料

馅料部分一起投入物料盆，混合均匀，备用。

（3）成型、烘烤

冻好的酥皮擀开，厚度为 0.3 厘米，用刀切成长 10 厘米、宽 5 厘米的面饼，中间放上 15g 馅料，在一端扫上蛋液，折起。入炉以 200℃ /160℃的炉温烤 15 分钟，然后关闭上下火，使其在炉内停留 15 分钟至干身。

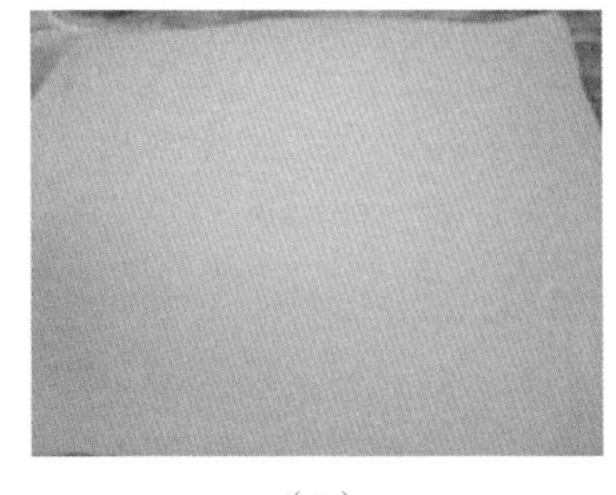

（1）

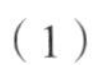

（4）

（3）

（2）

小香酥的成型

2. 巴地

巴地

巴地配方

原料		重量（g）
皮	高筋面粉	1000
	细砂糖	40
	牛油	100
	牛奶香粉	5
	盐	10
	全蛋	100
	水	550
油心	起酥油	500

制作过程

工艺流程：制作酥皮 → 成型 → 烘烤 → 装饰。

（1）制作酥皮

皮部分搅拌成光滑的面团，包入起酥油，开大酥，折 3、3、4，松筋 30 分钟（详细制作方法参考小香酥）。

（2）成型、烘烤

① 折好的酥皮用开酥机压至 0.6~0.7 厘米厚，松筋 10 分钟。

② 用印模印成圆饼形，直径 6 厘米，然后用直径 4 厘米的印模在一半饼皮上切去中心部分，成圆环形。

③ 取圆形饼皮为底，在表面扫上一层水或蛋液，放上圆环形饼皮，放入烤盘。

④ 取白纸一张，盖在饼上面，入炉以 200℃ /160℃的炉温烤 15 分钟，然后关闭上下火，利用炉中余温再烤 15 分钟至干身。

（3）装饰

冷却后在巴地中间挤蓝莓果酱装饰。

（1）（2）（3）

（4）（5）（6）

（7）

巴地的成型

重点难点分析

（1）压开后的酥皮，松筋 10 分钟后再进行下一步操作，如果时间太仓促，印出的圆饼会收缩，变成椭圆形。

（2）要注意烘烤时间，干身定型后才能出炉，防止出炉后收缩。

3. 扭纹酥

扭纹酥

扭纹酥配方

原料		重量（g）
水皮	高筋面粉	500
	低筋面粉	500
	细砂糖	100
	盐	10
	全蛋	100
	水	450
	奶油	100
油心	起酥油	500
夹心馅	低筋面粉	1000
	泡打粉	10
	臭粉	2
	粗砂糖	600
	猪油	372
	鸡蛋	100
	水	150

制作过程

工艺流程：制作酥皮 → 制作馅料 → 成型 → 烘烤。

（1）制作酥皮

水皮部分搅拌成光滑的面团，包入起酥油，开大酥，折 3、3、4，松筋 30 分钟

（详细制作方法参考小香酥）。

（2）制作馅料

① 低筋面粉、泡打粉、臭粉过筛备用。

② 猪油、粗砂糖搅拌均匀，分次加入全蛋和水，搅拌均匀。

③ 加入过筛的面粉，混合均匀即可。

（3）成型

① 折好的酥皮用开酥机压至 0.2~0.3 厘米厚，松筋 10 分钟。

② 夹心馅压薄，均匀铺在酥皮表面，占整块酥皮的一半，馅料表面喷上一层水，把另一半酥皮折起，覆盖在上面，包住整个馅心。

③ 用酥棍小心压平，切去多余的边。

④ 面坯切成宽 1 厘米、长 12 厘米的条，用手拉住两端，拧两圈，上盘。

（4）烘烤

在面坯表面扫上一层蛋黄，入炉以 200℃ /160℃的炉温烤 18 分钟，至表面呈金黄色。

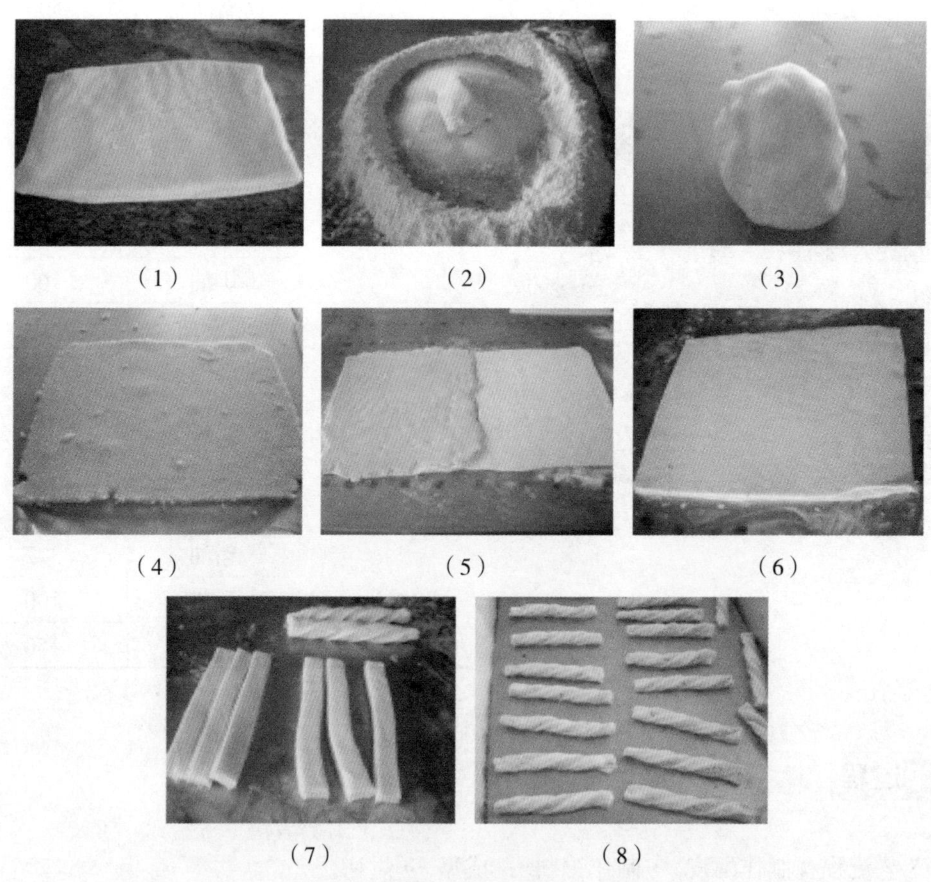

（1）（2）（3）（4）（5）（6）（7）（8）

扭纹酥制作过程

4. 拿破仑酥

拿破仑酥是一层酥皮，多配上一层香草口味的糕点奶油馅，中间夹上草莓等水果的点心，口感酥脆，清香可口。

拿破仑酥

酥皮配方

原料	重量（g）
低筋面粉	500
高筋面粉	500
细砂糖	100
全蛋	100
盐	20
酥油	80
水	500
酥片油	500

香草奶油馅配方

原料	用量
牛奶	1000g
香草根	1 条
蛋黄	10 个
细砂糖	250g
低筋面粉	50g
玉米淀粉	50g

制作过程

工艺流程：制作酥皮 → 成型、烘烤 → 制作馅料 → 装饰。

（1）制作酥皮

① 细砂糖、全蛋、盐、水投入搅拌桶，中速搅拌至细砂糖溶解。

② 低筋面粉、高筋面粉过筛，放入搅拌桶后搅拌成面团。

③ 加入酥油，搅拌成光滑的面团，放入冰箱静置 30 分钟。

④ 面团取出，包入酥片油，折 4、4、4（详细制作方法参考小香酥）。

（2）成型、烘烤

① 将折叠好的酥皮面坯擀开，厚度为 0.2~0.3 厘米，静置 10 分钟，用打孔器在表面均匀打上小孔，切成烤盘大小，装盘。

② 入炉以 200℃ /160℃的炉温烤至上色，时间约 20 分钟，然后降低面火至 170℃，再烘烤 10 分钟，至表面呈金黄色。

（1） （2） （3） （4） （5） （6） （7） （8）

酥皮的制作

（3）制作馅料

① 牛奶、香草根小火煮开，取出香草根。

② 蛋黄、细砂糖倒入物料盆，搅拌至微微发白。

③ 低筋面粉、玉米淀粉过筛，加入搅拌均匀。

④ 冲入一半牛奶，搅拌成稀面糊，再加入另一半牛奶，搅拌均匀。

⑤ 小火加热，一边加热一边搅拌，直至呈浓稠状。离火，冷却备用。

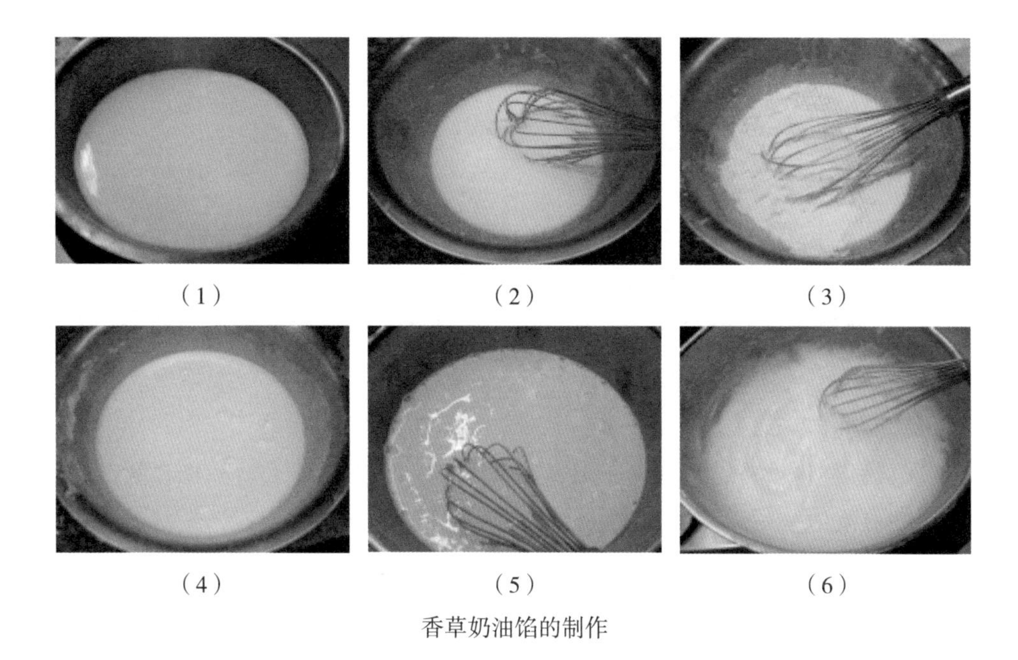

（1）　（2）　（3）

（4）　（5）　（6）

香草奶油馅的制作

（4）装饰

① 取烤好的酥皮一块，平放在网架上，用裱花袋装入煮好的奶油馅，均匀挤在表面。

② 在奶油馅表面放上一层水果，盖上一层酥皮。

③ 再次将奶油馅挤在酥皮上，放上水果，盖上一层酥皮。

④ 用锯齿刀切成宽 4 厘米、长 10 厘米的块，粘上烤熟的杏仁片。

（1）

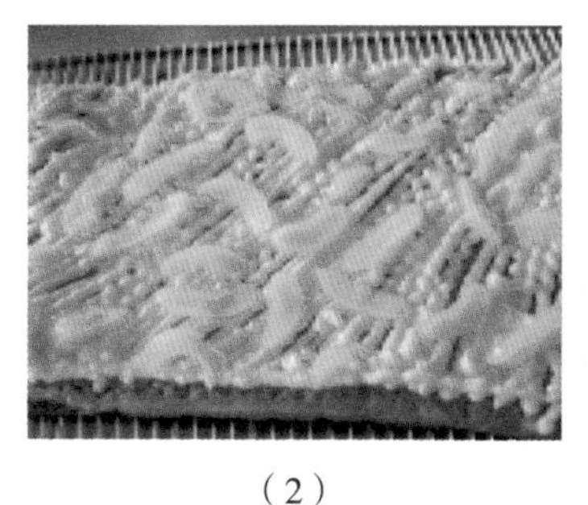

（2）

（3）

（4）

拿破仑酥的加工成型

重点难点分析

在国内，许多食品企业在制作拿破仑酥时不用糕点奶油馅作夹心，而是用“核桃天使蛋糕”作夹心，其配方和制作工艺如下：

（1）核桃天使蛋糕配方：蛋白 500g、细砂糖 200g、塔塔粉 7g、鸡蛋 1 个、低筋面粉 150g、核桃仁 150g、椰蓉少许。

（2）制作工艺：

① 蛋白、细砂糖、塔塔粉一起投入搅拌桶，中速搅拌至细砂糖溶解，高速搅打至中性发泡。

② 加入鸡蛋，慢速搅拌均匀。

③ 低筋面粉过筛，加入后慢速搅拌均匀。

④ 搅拌好的面糊倒入烤盘，抹平，表面撒上核桃仁、椰蓉，入炉以 200℃ /170℃的炉温烤熟。

⑤ 取烤好的酥皮一块，平放在网架上，表面抹上一层果酱，放上一块同样大小的核桃天使蛋糕。

⑥ 在蛋糕表面抹上一层果酱，盖上一层酥皮。

⑦ 再次在酥皮上抹上一层果酱，放上一块蛋糕，盖上一层酥皮。

⑧ 用锯齿刀切成宽 4 厘米、长 10 厘米的块。

第三节　面糊类小西饼

1. 椰蓉酥

椰蓉酥

椰蓉酥配方

原料	重量（g）
黄奶油	350
砂糖	400
泡打粉	5
臭粉	5
蛋液	50
低筋面粉	350
椰蓉	320

制作过程

工艺流程：制作面团 → 成型 → 烘烤。

（1）制作面团

① 低筋面粉、泡打粉、臭粉过筛，加入椰蓉后混合均匀备用。

② 把黄奶油、砂糖混合在一起，用手搓至“发白”。

③ 分次加入蛋液，搅拌均匀。最后加入面粉等原料，混合均匀。

（2）成型

面团分割成多个 20g/ 个的小面团，搓圆，稍微压扁，放入烤盘，每盘 24~30 个。

（3）烘烤

入炉烘烤，炉温调整至 170℃ /150℃，烤至金黄色。

(1) (2) (3)
(4) (5)

椰蓉酥的制作

重点难点分析

（1）配方中的砂糖最好选用粗砂糖。

（2）在混合奶油和砂糖时，不要搓太久，砂糖溶解六七成即可。如果砂糖完全溶解，会出现制品在烘烤时不“泻身”的现象。

（3）加入面粉等原料后，不要“搓”，要用“叠”的手法混合，避免面团起筋，影响品质。

（4）放盘时，面团之间要留一定的空隙，因为在烘烤过程中椰蓉酥会“泻身”，变成薄饼形，如果摆放太过密集，制品之间会粘连在一起，出现残次品。

2. 椰子薄饼

椰子薄饼是一款传统的西点制品，具有薄、脆的特点，是一种低热量的健康食品。本部分介绍的制作工艺与传统的制作方法不同，相对比较科学。

椰子薄饼

椰子薄饼配方

原料	重量（g）
低筋面粉	500
黄奶油	600
细砂糖	900
蛋白	1000
椰蓉	700

制作过程

工艺流程：制作面糊 → 成型 → 烘烤。

（1）制作面糊

① 低筋面粉、黄奶油搅打至发白。

② 加入细砂糖，充分混合均匀。

③ 分次加入蛋白，搅拌均匀。

④ 加入椰蓉，混合均匀。

（2）成型

取高温布一张，平放在案台上面，取印模一块，覆盖在高温布上面，取制作好的面糊均匀抹在表面，然后小心取下印模。

（3）烘烤

将制作好的薄饼放在烤盘背面，入炉以 180℃ / 150℃的炉温烘烤至金黄色。

（1）

（4）

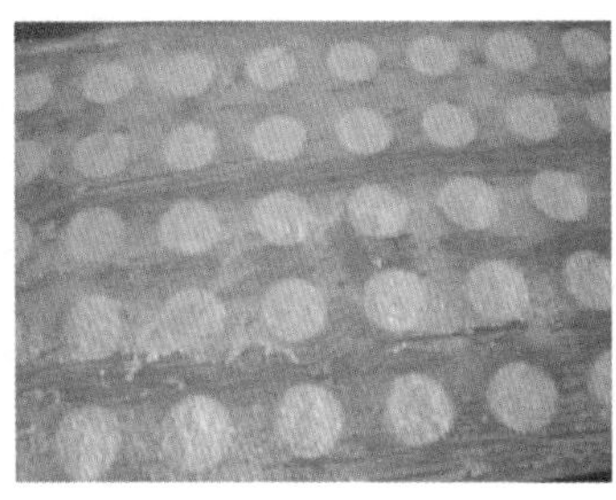
（3）

（2）

椰子薄饼的制作

重点难点分析

（1）印制薄饼时，案台要平整，用力要均衡，这样才能保证饼厚薄均匀，烘烤时色泽一致。

（2）薄饼在烘烤时，有的先烤熟，而有的色泽不足，这时可以先把烘烤熟的收起来，把颜色浅的集中起来，再烘烤一次，这并不影响产品质量。

（3）薄饼烘烤完成后，要及时包装，不能长时间暴露在空气中。否则，薄饼会吸收空气中的水分，失去酥脆的口感。

3. 芝麻薄饼

芝麻薄饼

芝麻薄饼配方

原料	重量（g）
低筋面粉	500
奶粉	50
食粉	3
臭粉	7
泡打粉	5
细砂糖	300
猪油	100
酥油	75
鸡蛋	50
清水	50

制作过程

工艺流程：制作面团 → 成型 → 烘烤。

（1）制作面团

① 低筋面粉、奶粉、食粉、泡打粉过筛，开窝。

② 加入细砂糖、臭粉、鸡蛋、清水，充分搅拌，使细砂糖完全融化。

③ 加酥油、猪油，充分混合均匀。

④ 加入面粉，叠均匀，成油酥面团，静置 20 分钟。

（2）成型、烘烤

① 油酥面团用开酥机或酥棍开成 0.2 厘米厚的薄片，用印模印出面饼。

② 在面饼表面喷上一层水，粘芝麻，上盘，以 170℃/150℃的炉温烤 13 分钟左右，至表面微黄。

（1）　（2）　（3）　（4）　（5）　（6）　（7）

芝麻薄饼的制作

重点难点分析

（1）面团要软硬适中，加入面粉后混合均匀即可，不能长时间折叠，防止起筋。

（2）成型时做到厚薄均匀，有条件的尽量使用开酥机；上盘时，饼与饼之间要有一定的距离，防止粘连。

（3）低温烘烤，温度不能过高。

第四节 挞和派

1. 椰挞

挞皮配方

原料	重量（g）
奶油	400
糖粉	200
盐	4
蛋液	120
低筋面粉	700

椰挞

挞馅配方

原料	重量（g）
水	200
砂糖	300
色拉油	100
黄奶油	150
椰蓉	250
蛋液	125
低筋面粉	100
泡打粉	3

制作过程

工艺流程：制作挞皮 → 压模 → 制作挞馅 → 装模与烘烤。

（1）制作挞皮

① 将奶油、糖粉、盐一起投入搅拌桶，中速搅拌均匀。

② 分次加入蛋液，慢速搅拌，充分混合均匀。

③ 低筋面粉过筛，加入搅拌均匀即可。

（2）压模

① 取挞皮 20g，放在模具底部，用拇指在底部压一圈，要求厚薄均匀。

② 拇指在内，食指在外，在模具腰部均匀挤捏一圈。

③ 拇指在内，食指在外，与台面成 30° 角，在模具口一边挤捏一边收口，最后做成一个“口”小“肚”大的形状，好似装咸菜的坛子。

（1）

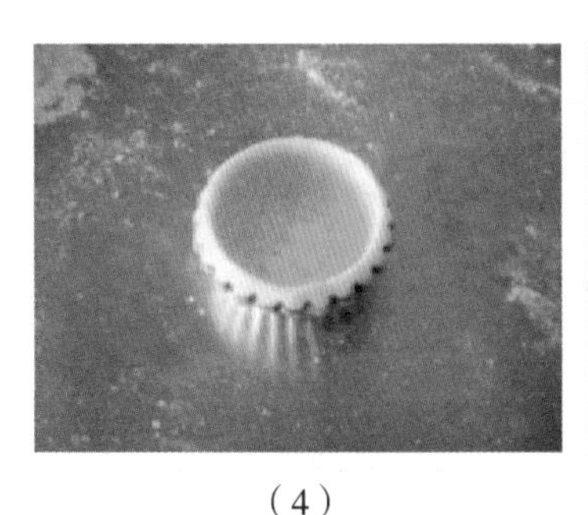

（4）

（3）

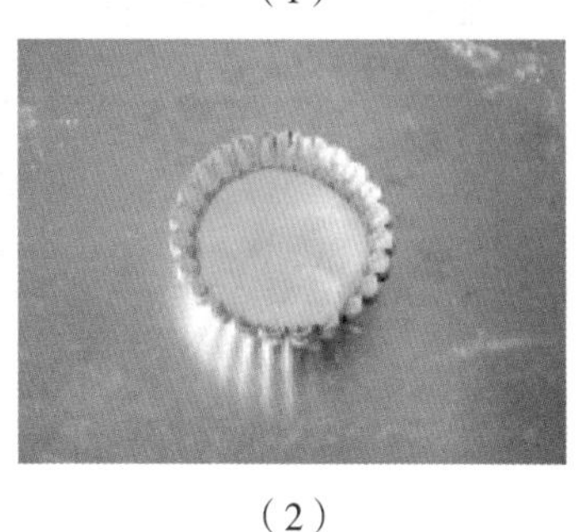

（2）

挞皮的制作

（3）制作挞馅

① 将砂糖、水、色拉油、黄奶油中火煮开，倒入椰蓉后搅拌均匀，离火，晾凉备用。

② 加入蛋液搅拌均匀。

③ 低筋面粉、泡打粉过筛，加入搅拌均匀，成糊状。

（4）装模与烘烤

① 挞馅装入裱花袋，挤入捏好的椰挞模，约九分满。

② 入炉以 200℃ /190℃的炉温烤至金黄色。

（1）

（4）

（3）

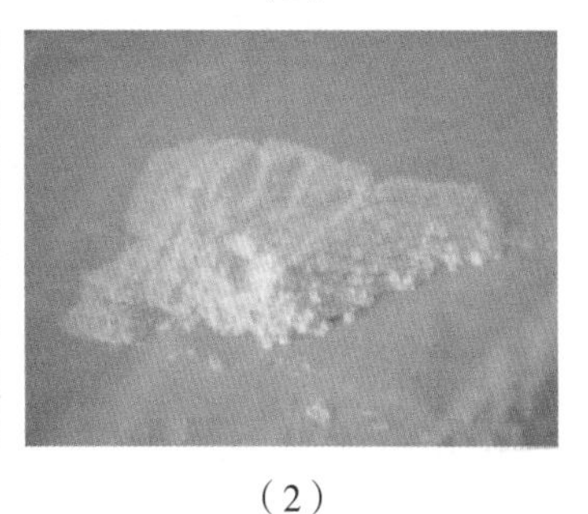

（2）

挞馅的制作

重点难点分析

（1）制作好的挞皮不要长时间放置，最好当天用完，放置时间过长，挞皮会变硬，容易爆裂，很难成型。

（2）制作椰挞馅时，煮好的“糖椰蓉”冷却后才能加入蛋、面粉、泡打粉等，温度太高，泡打粉在烘烤前受热分解，会失去应有的效果。

2. 葡式蛋挞

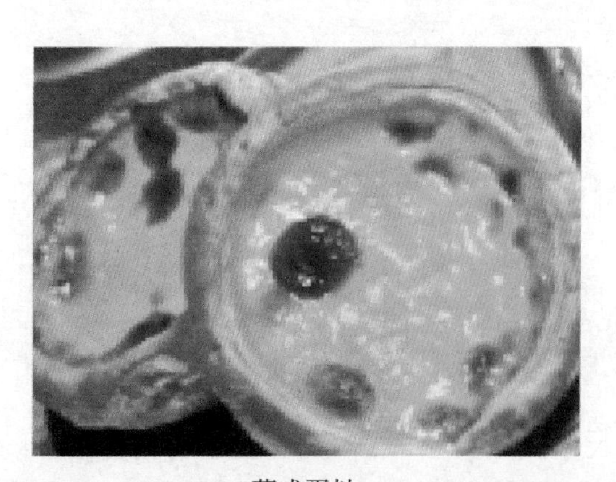

葡式蛋挞

葡式蛋挞配方

原料		用量
皮	高筋面粉	60g
	低筋面粉	500g
	黄油	40g
	砂糖	50g
	盐	5g
	水	125g
油心	起酥油	180g
挞水	鲜奶油	1000g
	牛奶	600g
	砂糖	250g
	蛋黄	18 个
	全蛋	1 个

制作过程

工艺流程：制作挞皮 → 压模 → 制作挞水 → 烘烤。

（1）制作挞皮

① 皮部分所有原料投入搅拌机，搅打成光滑的面团，静置 20 分钟。

② 包入起酥油，折 3、4、4（详见小香酥）。

③ 折叠好的酥皮擀开，成 0.5~0.8 厘米厚的面片，然后沿着长的方向把面片卷成一个长筒，蒙上保鲜膜，放入冰箱，冷冻松弛 20 分钟。

（1）

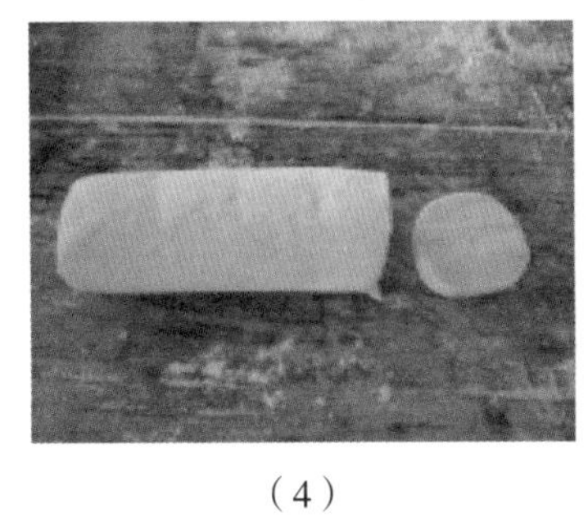

（4）

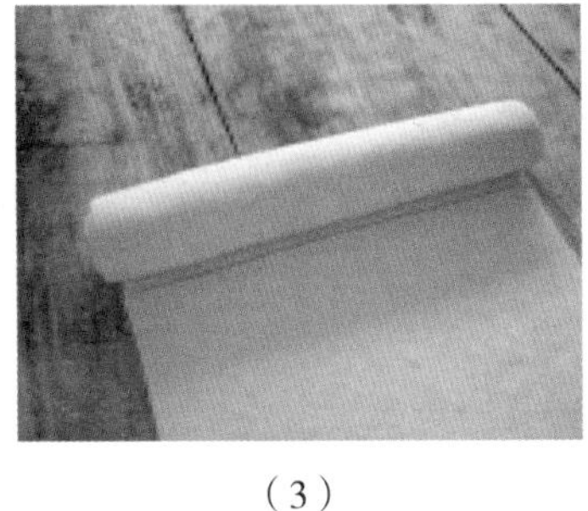

（3）

（2）

制作挞皮

（2）压模

取出面团，切成 20g 左右的小剂子，厚约 1 厘米。切好的小剂子两面都扑上面粉，放入挞模底部，一边转动一边用两个大拇指把小剂子慢慢按捏，使其铺满整个挞模，并且比挞模稍微高出一点。捏好的挞模放入冰箱冷冻 30 分钟。

压模

（3）制作挞水

① 鲜奶油、牛奶、砂糖小火煮开，一边煮一边搅拌，要求砂糖要完全溶解，晾凉备用。

② 加入蛋黄和全蛋搅拌均匀。

（4）烘烤

① 挞水倒入模具，约八分满。

② 入炉，以 250℃ /240℃的高温烤熟。

挞水的制作

重点难点分析

（1）葡式蛋挞在烘烤时采用高温，成品表面会形成黑色的斑点，又叫“梅花斑”，是葡式蛋挞特征之一。

（2）挞水用的鲜奶油，最好是动物性鲜奶油，用动物性鲜奶油做出的葡式蛋挞一是风味好，二是色泽比较鲜亮。

（3）挞水中鲜奶油、牛奶、砂糖煮开的目的是避免搅拌过程中鲜奶油起泡，并且使砂糖溶解。

（4）葡式蛋挞在烘烤时，经常出现收缩变形的情况，主要原因：

① 在折叠酥皮的操作过程中过于急促，静置松筋时间不够。因此，在开酥时，要注意松筋，并且捏好的挞模冷冻、松筋后才能烘烤。

② 水皮部分太软，水分太多。

（5）酥皮擀开卷起时，传统的做法是卷成直径 5 厘米大小，而部分专卖店是卷成直径 2.5 厘米左右，切成小段放入模具成型，效果会更好。

3. 苹果派

苹果派有多种做法，主要区别是馅料不同，如奶油馅苹果派、杏仁馅苹果派，本部分制作的苹果派采用的是奶油布丁馅。

苹果派

苹果派配方

原料		重量（g）
派皮	黄奶油	400
	糖粉	200
	盐	4
	蛋	120
	低筋面粉	700
奶油布丁馅	鲜牛奶	538
	砂糖	130
	蛋黄	130
	低筋面粉	80
	玉米淀粉	80
	奶油	40

制作过程

工艺流程：制作派皮 → 制作奶油布丁馅 → 装饰烘烤。

（1）制作派皮

用糖油拌合法制作成油酥面团，擀开，厚度为 0.2~0.3 厘米，放入派盘，压平，切去四边，备用。

（2）制作奶油布丁馅

① 鲜牛奶分成 3 份，2/3 与砂糖一起煮开，余下的 1/3 鲜牛奶与低筋面粉、玉米淀粉、蛋黄、奶油一起搅拌成光滑细腻的面糊。

② 将煮好的鲜奶倒入面糊，搅拌均匀，然后隔水加热，煮成稠糊状，晾凉备用。

（3）装饰烧烤

① 奶油布丁馅装入裱花袋，均匀挤在派盘内。

② 苹果切成薄片，先用盐水冲洗，防止褐变。

③ 取水 400g、砂糖 100g 煮开，放入切好的苹果片杀青。

④ 把苹果派按一定的顺序摆放在布丁馅上。

⑤ 入炉以 160℃ /150℃的炉温烤熟，出炉后立即在苹果派表面扫光亮剂或镜面果膏。

（1） （2） （3）
（4） （5） （6）
（7）

苹果派的制作

重点难点分析

（1）在制作布丁馅时常出现的问题是焦煳和有面块、粉粒。避免焦煳的方法是布丁馅小火隔水加热。出现面块和粉粒的主要原因是面糊没有搅拌均匀。

（2）装饰烧烤环节中第③步的糖水叫“杀青糖水”，配比是糖 : 水 =20:80。

4. 香蕉杏仁派

本部分制作的香蕉派采用的是杏仁奶油馅。

香蕉杏仁派

香蕉杏仁派配方

原料		重量（g）
派皮	奶油	400
	糖粉	200
	盐	4
	蛋	120
	低筋面粉	700
杏仁奶油馅	奶油	200
	糖粉	150
	蛋液	180
	低筋面粉	80
	杏仁粉	160

制作过程

工艺流程：制作派皮 → 制作杏仁奶油馅 → 装饰烘烤。

（1）制作派皮

用糖油拌合法制作成面团，擀开，厚 0.2~0.3 厘米，放入派盘，压平，切去四边，派皮已做好，备用。

（2）制作杏仁奶油馅

① 奶油、糖粉搅拌至松发，分次加入蛋液搅拌均匀。

② 低筋面粉、杏仁粉过筛加入，慢速搅拌均匀。

（3）装饰烘烤

① 杏仁奶油馅装入裱花袋，挤一层在派盘上，铺一层香蕉片，再挤一层杏仁奶油馅，覆盖住香蕉片。

② 在表面放上香蕉片装饰。

③ 入炉以 160℃ /150℃的炉温烤熟。出炉后立即在香蕉派表面扫光亮剂或镜面果膏。

香蕉杏仁派的制作

(1)杏仁奶油馅烘烤后会膨胀，不要挤太多。

(2)表面的香蕉片摆放要美观、有序。

第五节　泡芙

1. 菠萝泡芙

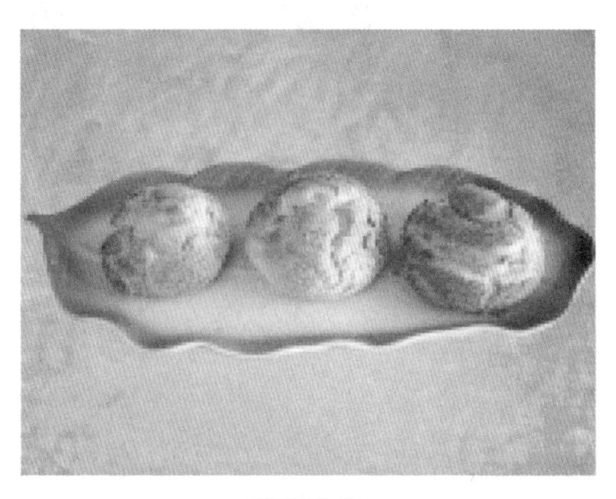

菠萝泡芙

菠萝泡芙配方

原料		用量
泡芙面糊	水	450g
	酥油	330g
	低筋面粉	400g
	全蛋	16 个
皮	酥油	220g
	低筋面粉	300g
	糖粉	150g
	三花奶	30g

制作过程

工艺流程：制作泡芙面糊 → 制作酥皮 → 成型 → 烘烤 → 制作奶油馅 → 加工装饰。

（1）制作泡芙面糊

① 水、酥油中火煮开，使其完全沸腾。

② 加入低筋面粉烫熟，搅拌均匀后离火。

③ 投入搅拌桶，高速搅打，当温度降至 50℃时分次加入全蛋，搅打均匀。

（2）制作酥皮

① 酥油、低筋面粉混合均匀，加入糖粉搅拌均匀。

② 加入三花奶，搓均匀。

③ 面团揉搓成直径 6 厘米的圆柱，放入冰箱冻硬。

（3）成型、烘烤

① 烤盘垫好高温布，泡芙面糊装入裱花袋，在高温布上均匀挤成圆球，每个重量约为25g，每盘15个，间隔均匀。

② 取出酥皮，用刀切成薄片，盖在泡芙上面。

③ 入炉，先用220℃/170℃的炉温烘烤15分钟，当泡芙略呈黄色时，面火调至180℃，继续烘烤15~20分钟，使泡芙完全变硬，出炉冷却。

（4）制作奶油馅

① 制作香草奶油馅（配方与制作方法参考拿破仑酥）。

② 取鲜奶油500g，先解冻，然后搅打至发泡。

③ 取制作好的香草奶油馅500g，加入打发的鲜奶油，中速搅拌均匀，装入裱花袋备用。

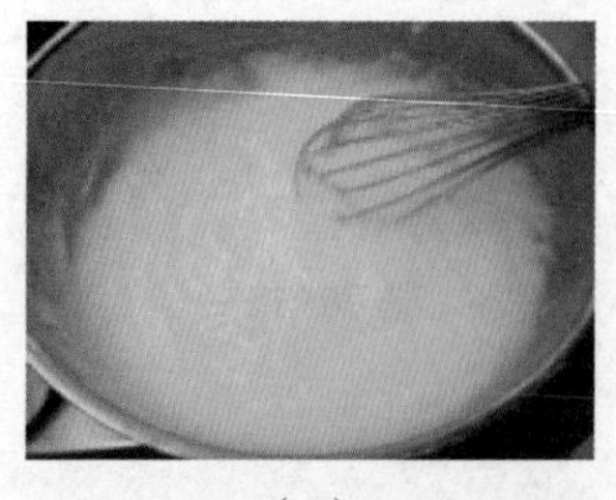

（1）

（2）

奶油馅的制作

（5）加工装饰

在泡芙的侧面用竹签扎一个小孔，挤入奶油馅即可。

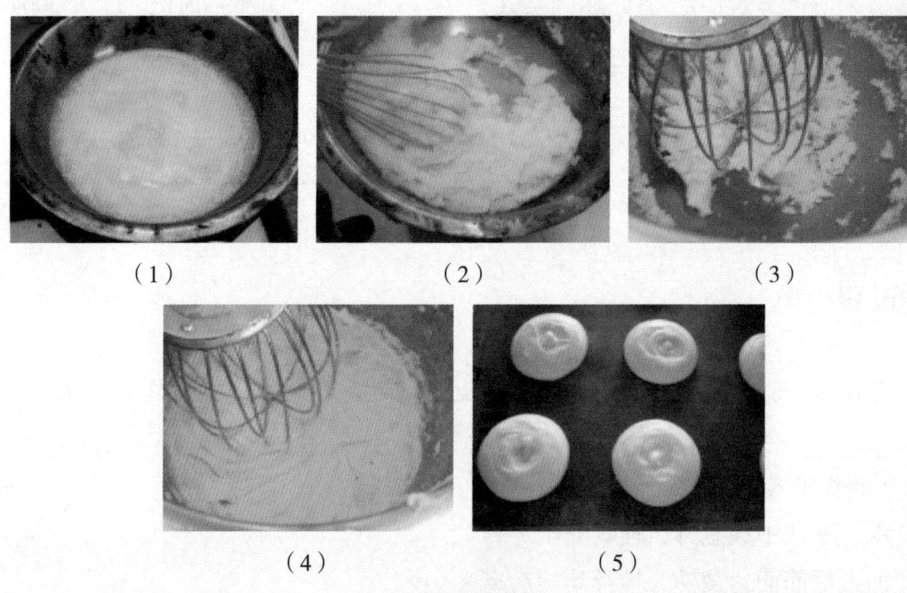

（1） （2） （3）

（4） （5）

泡芙面糊的制作

2. 泡芙天鹅

泡芙天鹅

制作过程

（1）制作泡芙面糊和糕点奶油馅

泡芙面糊和糕点奶油馅的制作过程参考菠萝泡芙的制作过程。

（2）成型烘烤

① 泡芙面糊装入裱花袋，在高温布上挤成“2”字形，制作出天鹅的“头部”，入炉以 200℃ /170℃的炉温烤至金黄色即可。

② 将泡芙面糊在高温布上挤成椭圆形，作为天鹅的“身体”。入炉以 220℃ /170℃的炉温烘烤 10 分钟，当泡芙略呈黄色时，面火调至 180℃，继续烘烤 10 分钟，使泡芙完全变硬，出炉冷却。

（3）加工成型

① 椭圆形泡芙从上端 1/3 处纵向切开，分成两部分，上部从中间切开，作为天鹅的“翅膀”，下部在中间挤入糕点奶油馅。

② 先装上“头部”，再装上“翅膀”，画出“眼睛”。

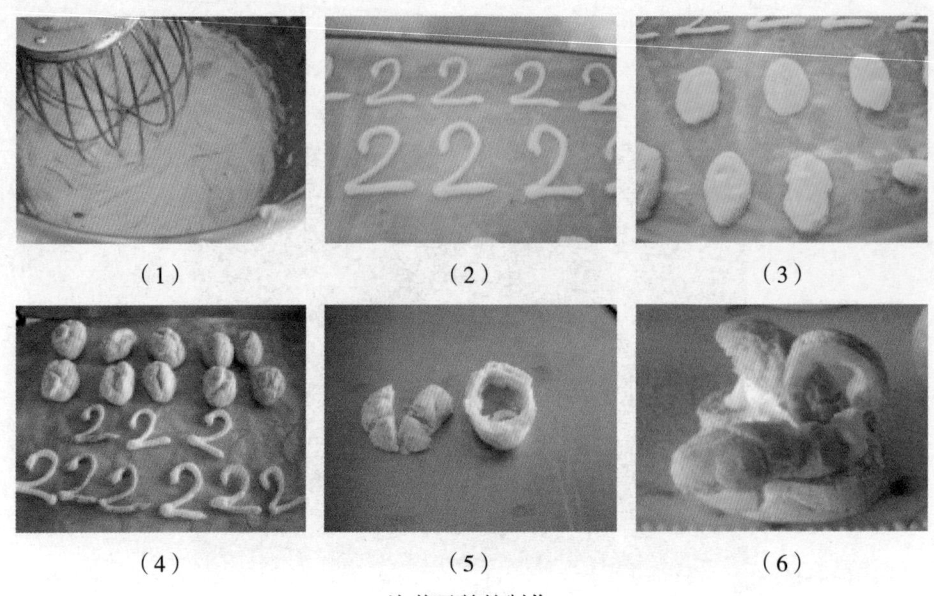

（1） （2） （3）

（4） （5） （6）

泡芙天鹅的制作

第七章　新派蛋糕制作技术

第一节　黄金蛋糕、水浴天使蛋糕、蒸蛋糕

1. 黄金蛋糕

黄金蛋糕

黄金蛋糕配方

原料	重量（g）
蛋白	300
塔塔粉	5
细砂糖	300
盐	3
水	92
色拉油	57
低筋面粉	250
泡打粉	5
吉士粉	20
蛋黄	212

制作过程

工艺流程：搅拌面糊 → 装模烘烤。

（1）搅拌面糊

① 水、色拉油、125g 细砂糖放入物料盆，搅拌至细砂糖溶解。

② 低筋面粉、泡打粉、吉士粉过筛，加入搅拌均匀，至无粉粒。

③ 加入蛋黄，将原料搅拌成光滑细腻的面糊。

④ 蛋白放入打蛋桶，中速打至发泡，加入塔塔粉、盐及余下的细砂糖，高速打至中性起发，呈公鸡尾状，再慢速搅拌 2 分钟，目的是打散大的气泡。

⑤ 取 1/3 打发的蛋白，与面糊混合均匀，最后加入余下的打发的蛋白混合均匀。

（2）装模烘烤

① 面糊装入椭圆形蛋糕模，在烤盘内注入热水，入炉以 200℃ /180℃的炉温隔水烤熟，约 18 分钟。

② 蛋糕出炉后立即出模，翻转放在网架上。

（1）（2）（3）（4）（5）（6）（7）

黄金蛋糕的制作

重点难点分析

（1）蛋白不可打太发，要求光滑细腻，用手指勾取蛋白膏呈鸡尾状，峰尖明显下垂，如果打太发，蛋糕组织粗糙，表面不美观。

（2）在烤盘内注水时，一定要用热水。

（3）蛋糕出炉后立即出模，翻转放在网架上，否则会收缩。

2. 水浴天使蛋糕

水浴天使蛋糕

水浴天使蛋糕配方

原料	重量（g）
蛋白	500
细砂糖	200
塔塔粉	5
盐	5
低筋面粉	250
玉米淀粉	50
泡打粉	4
蛋糕油	25
色拉油	70
柠檬汁	5

制作过程

工艺流程：制作蛋糕面糊 → 装模烘烤。

（1）制作蛋糕面糊

① 蛋白、细砂糖、盐、塔塔粉搅拌至细砂糖溶解。

② 低筋面粉、玉米淀粉、泡打粉过筛，与蛋糕油一起加入，慢速搅拌均匀，然后快速打发至原体积的2.5倍。

③ 慢速加入色拉油、柠檬汁，搅拌均匀。

（2）装模烘烤

模具扫油或垫纸，装入面糊约八分满，放入烤盘，在烤盘内注入 700g 清水，然后用一个烤盘盖起来，入炉以 180℃ /170℃的炉温烤熟，时间约 30 分钟。

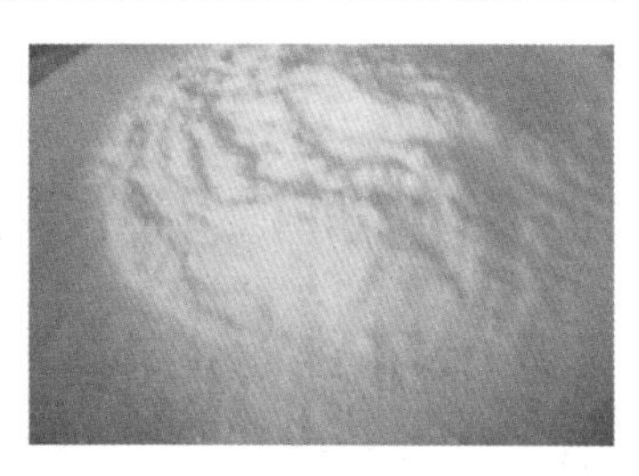

（1）

（2）

（5）

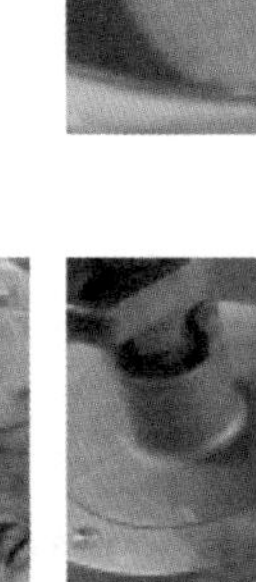

（4）

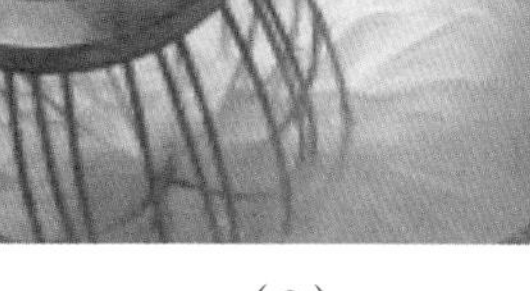

（3）

水浴天使蛋糕的制作

（1）这款蛋糕洁白细腻，在烘烤时采用隔水、加盖烘烤的方法，注意烘烤时间，蛋糕表面不能烤上色。

（2）蛋糕面糊不要搅打过度，可用手指勾起面糊，3 秒钟不滴下即可。

（3）可以添加不同的风味物质，制作出不同风味的蛋糕。

3. 蒸蛋糕

蒸蛋糕是我国的面点师在蛋糕传统制作基础上加以创新而成的，在我国南方地区比较多见，蒸蛋糕色泽洁白，口味清甜，类似于水浴天使蛋糕，特别适合广东地区的人们怕“热气”的饮食习惯。

蒸蛋糕

蒸蛋糕配方

原料	重量（g）
全蛋	700
细砂糖	480
低筋面粉	500
泡打粉	15
SP 蛋糕油	25
三花奶	150

制作过程

工艺流程：制作蛋糕面糊 → 装模蒸制。

（1）制作蛋糕面糊

① 全蛋、细砂糖投入打蛋桶，中速搅拌至细砂糖溶解。

② 低筋面粉、泡打粉过筛，与 SP 蛋糕油一起加入，先用中速搅拌均匀，然后高速打发。

③ 慢慢加入三花奶，中速搅拌均匀。

（2）装模蒸制

面糊装入模具至八分满，入笼，大火蒸 15 分钟。

（1）

（4）

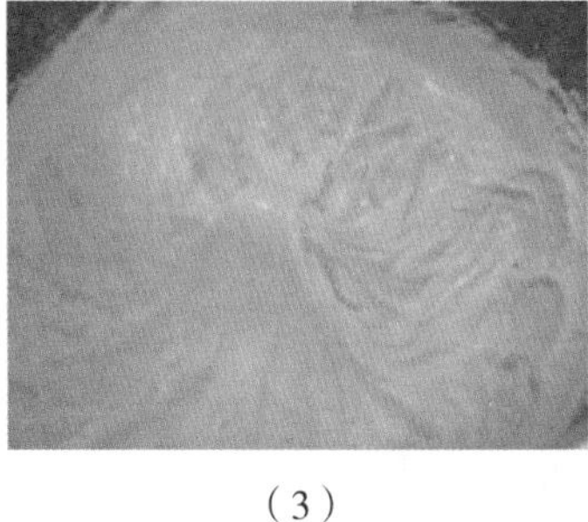

（3）

（2）

蒸蛋糕的制作

（1）可以在面粉里加入一些香草粉等香料，增加风味。

（2）蒸时要用大火，控制好时间，蒸制时间过长蛋糕会收缩。

（3）模具不可太厚，面糊装入量不能太多，如果装入的面糊太多、太厚，会影响蛋糕起发，蛋糕表皮会带有少许米黄色，组织结实、不松软。

第二节　元宝蛋糕、椰香水果条、泡芙蛋糕

1. 元宝蛋糕

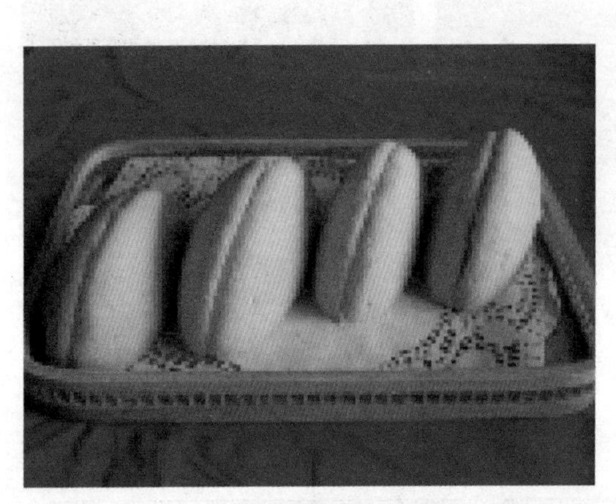

元宝蛋糕

元宝蛋糕配方

原料	重量（g）
蛋白	600
细砂糖	460
塔塔粉	10
盐	3
水	180
色拉油	170
低筋面粉	380
吉士粉	80
泡打粉	7
蛋黄	250

制作过程

工艺流程：制作蛋糕面糊 → 成型烘烤。

（1）制作蛋糕面糊

① 水、色拉油、260g 细砂糖放入物料盆，搅拌至细砂糖溶解。

② 低筋面粉、泡打粉、吉士粉过筛，加入搅拌均匀，至无粉粒。

③ 加入蛋黄，搅拌成光滑细腻的面糊。

④ 蛋白放入打蛋桶，中速打至发泡，加入塔塔粉、盐及余下的细砂糖，高速打至中性起发，呈公鸡尾状，再慢速搅打 2 分钟。

⑤ 取 1/3 打发的蛋白，与面糊混合均匀，最后加入余下的打发的蛋白混合均匀。

（2）成型烘烤

① 面糊装入裱花袋，挤在烤盘上，入炉以 200℃ /160℃的炉温烤熟，约 15 分钟。

② 蛋糕出炉后翻转放在出炉车上，冷却后取下来，从中间切开，加奶油，再把两

片蛋糕粘到一起。

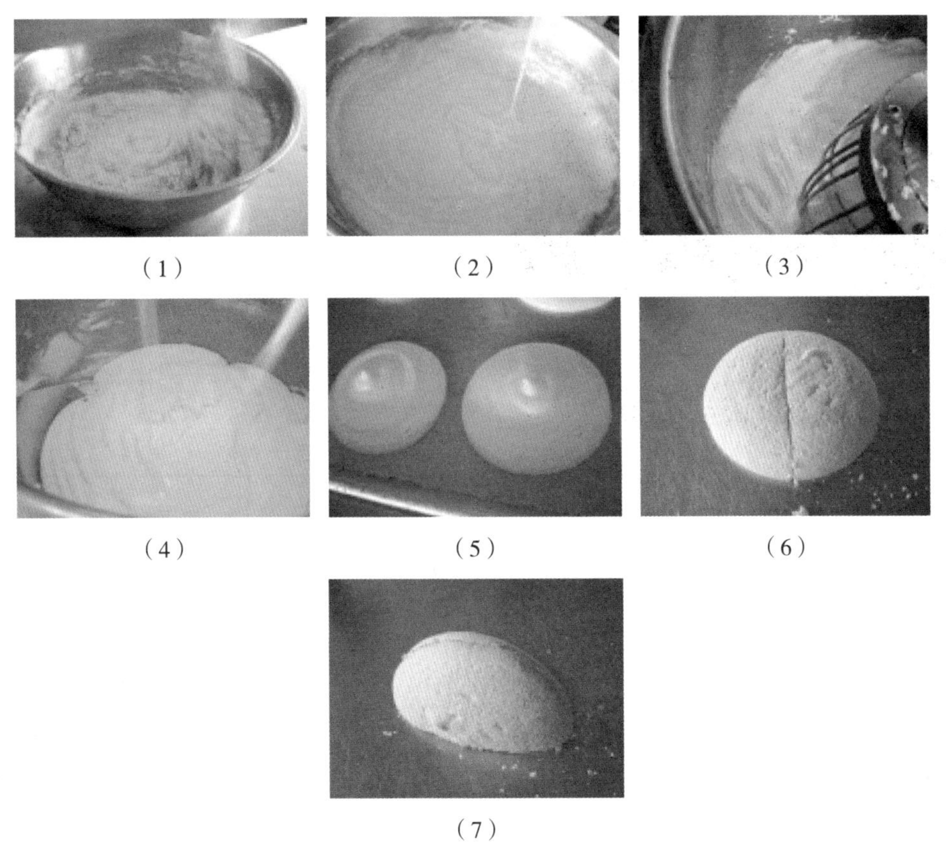

（1）　（2）　（3）

（4）　（5）　（6）

（7）

元宝蛋糕的制作

重点难点分析

（1）蛋白打至中性起发，不要太软。

（2）在挤注蛋糕面糊时，面糊尽量拉高，动作要快，要在短时间内完成，避免面糊变稀。

（3）这款蛋糕有两种装饰方法：① 抹果酱，粘椰丝；② 抹沙拉酱，粘肉松。

2. 椰香水果条

椰香水果条

椰香水果条配方

原料		用量
A	戚风蛋糕	1 盘
B	椰蓉	300g
	细砂糖	90g
	全蛋	260g
	香橙果酱	80g
	黄奶油	110g
	吉士粉	20g

制作过程

工艺流程：制作装饰馅料 → 装饰 → 烘烤。

（1）制作装饰馅料

B 部分为表面装饰材料，把所有原料混合均匀即可，装入裱花袋备用。

（2）装饰

戚风蛋糕切去表皮，涂上一层果酱，放在烤盘背面；将表面装饰馅料挤在蛋糕表面，呈条形，每条馅料之间要有一定的间隔，然后在空隙处挤上蓝莓果酱。

（3）烘烤

① 入炉以 190℃ /0℃的炉温烤至表面装饰馅料呈黄色，时间约 15 分钟。

② 出炉后扫光亮剂，切件。

（1）

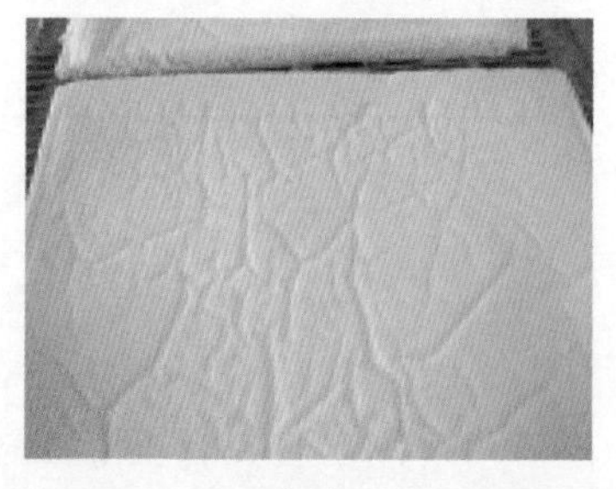
（2）

（5）

（4）

（3）

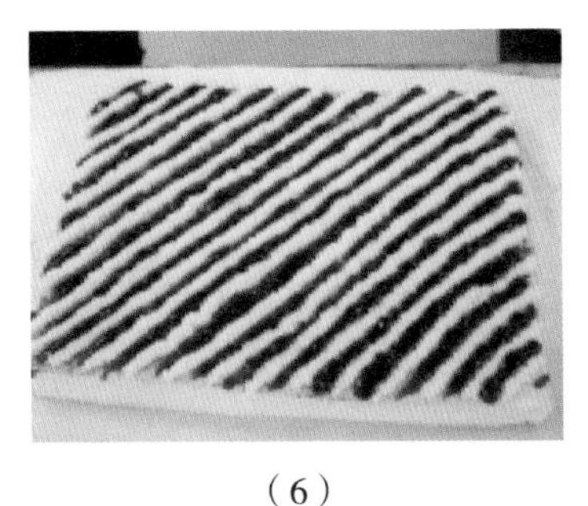

（6）

（7）

椰香水果条的制作

重点难点分析

（1）挤表面装饰馅料时，要用裱花嘴，裱花嘴口径选择铅笔大小，圆齿形。

（2）果酱的高度不要高过表面装饰馅料的高度，否则难以包装。

（3）装饰时注意整体艺术美感，线条要直、流畅自然。

（4）切件时要小心，蛋糕刚烤出来时，馅料易碎，最好放置一段时间再切。

3. 泡芙蛋糕

泡芙蛋糕

泡芙蛋糕配方

原料	重量（g）
色拉油	150
黄奶油	150
水	300
高筋面粉	150
蛋液	220

制作过程

工艺流程：制作泡芙 → 制作戚风蛋糕 → 装饰切件。

（1）制作泡芙

① 油、水煮开，加入高筋面粉烫熟，离火。

② 冷却至 50℃左右时，分次加入蛋液，搅拌均匀成面糊。

③ 用裱花袋装入面糊，在高温布上拉成网状。

④ 入炉以 200℃ /170℃的炉温烤熟成黄色。

（2）制作戚风蛋糕（参考虎皮蛋糕的制作）、装饰切件

取戚风蛋糕一块（戚风蛋糕制作过程参考虎皮蛋糕），在表面抹上蓝莓果酱，盖上网状泡芙板。翻转蛋糕，在另一面也抹上果酱，盖泡芙板，最后切件。

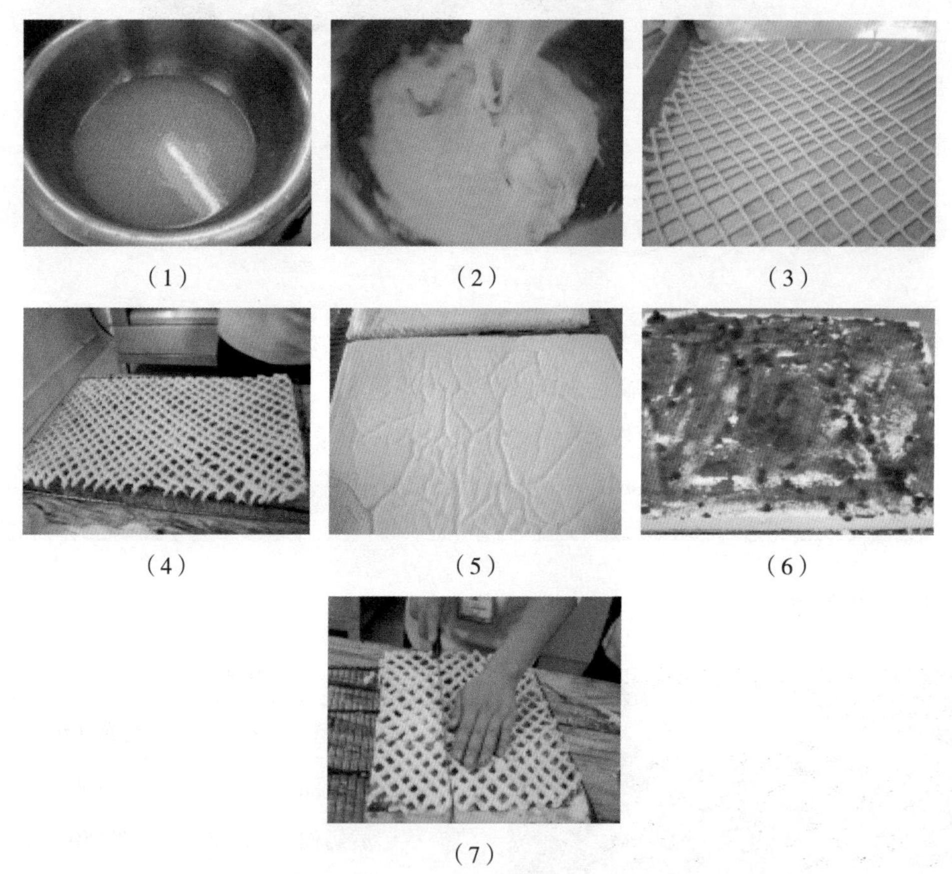

（1）（2）（3）（4）（5）（6）（7）

泡芙蛋糕的制作

重点难点分析

（1）制作泡芙蛋糕面糊时，面粉要烫熟；加蛋液时温度不要太高，搅拌速度不要太快，大量制作时可以先把烫熟的面糊倒入打蛋桶，高速搅打一段时间，待温度降至 50℃时加入蛋液，这样泡芙蛋糕起发体积会更大。

（2）泡芙蛋糕面糊不能长时间放置，更不能隔夜，部分生产人员把剩余的蛋糕面糊放入冷库，第二天加入新鲜泡芙蛋糕面糊继续使用，是错误的。

（3）这款泡芙蛋糕面糊起发体积很大，所以拉网时线条不要太粗，有圆珠笔笔芯粗细即可。

第三节　焦糖布丁蛋糕、老面蛋糕、魔堡蛋糕

1. 焦糖布丁蛋糕

焦糖布丁蛋糕晶莹透亮，色彩搭配丰富，对比强烈。焦糖布丁蛋糕共由三层组成，第一层为焦糖果冻，弹性十足；第二层为牛奶布丁，嫩滑细腻；第三层为戚风蛋糕，清香可口。

果冻布丁配方

原料		重量（g）
焦糖	水	15
	砂糖	100
果冻	水	400
	砂糖	50
	果冻粉	15
布丁	水	150
	砂糖	135
	鲜奶	375
	全蛋	375

焦糖布丁蛋糕

蛋糕部分配方

原料	重量（g）
蛋白	300
砂糖	180
塔塔粉	9
牛奶	100
色拉油	210
低筋面粉	210
玉米淀粉	30
蛋黄	150

制作过程

工艺流程：制作焦糖果冻 → 制作牛奶布丁 → 制作戚风蛋糕 → 烘烤。

（1）制作焦糖果冻

① 焦糖部分的砂糖加入 15g 水，小火煮至砂糖冒烟，离火。

② 果冻部分的 400g 水，小火煮沸。

③ 砂糖、果冻粉拌匀，加入焦糖水，搅拌至砂糖、果冻粉溶解。

④ 煮好的果冻液倒入模具，冷却，使其凝结，成果冻。

（2）制作牛奶布丁

① 布丁部分的水、砂糖小火煮开，离火，倒入鲜奶搅拌均匀。

② 全蛋打散，加入搅拌均匀。

③ 制作好的布丁液过筛，滤去杂质，倒在果冻上面。

（3）制作戚风蛋糕

① 蛋糕部分用戚风蛋糕搅拌方法制作成蛋糕面糊，挤入模具，装在布丁液上面。

② 在烤盘中注入清水 700g，隔水烘烤，炉温为 160℃ /140℃，时间 40 分钟。出炉冷却后，再小心地将其从模具中取出。

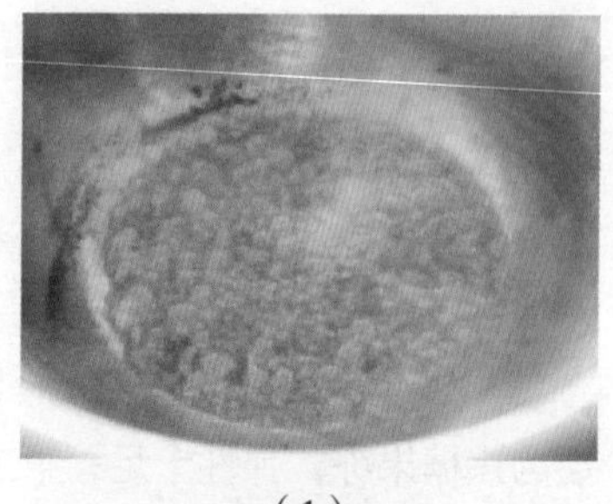

（1）

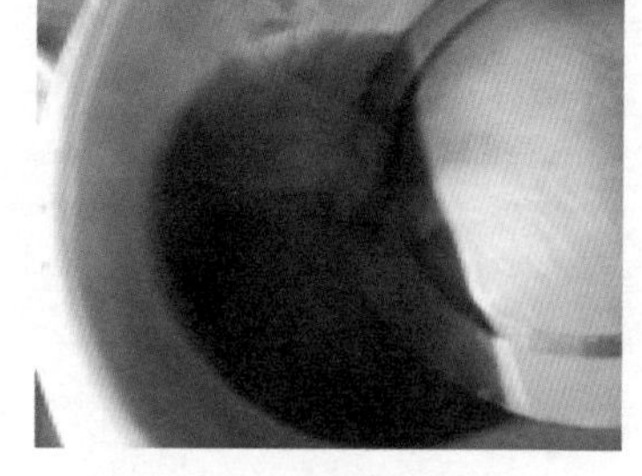

（2）

（3）

（4）

（7）

（6）

（5）

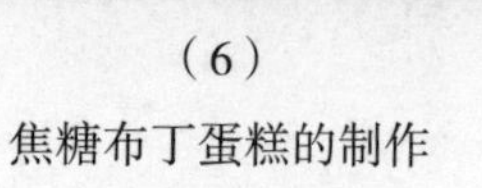

焦糖布丁蛋糕的制作

重点难点分析

（1）焦糖的颜色不能太浅，要求稍微带一点红黑色。制作好焦糖水后，最好过滤一下再放果冻粉，果冻粉可以用琼脂代替，但是口感不好。

（2）在烘烤时，在烤盘中注入的清水是冷水，不能用热水。

2. 老面蛋糕

老面蛋糕是一款非常特殊的产品，它结合了蛋糕和面包的制作工艺，不仅带有面包发酵后特有的香味，也具有蛋糕细腻、嫩滑的特点。

老面蛋糕通常制作成两种形状，一种是装入高温纸杯，制作成杯形；另一种是装入小型吐司模，烤制成金黄色，外形酷似“金砖”。

老面蛋糕

老面蛋糕配方

原料	重量（g）
高筋面粉	250
糖粉	380
酵母	15
奶粉	45
水	200
蛋液	550
黄奶油	360
低筋面粉	350

制作过程

工艺流程：制作种面 → 制作奶油蛋糕 → 装模发酵 → 烘烤。

（1）制作种面

① 高筋面粉、50g 糖粉、酵母、奶粉搅拌均匀，加入水搅拌成粗糙的面团。

② 面团放入发酵箱，发酵至原体积的 3 倍。

③ 发酵完成后，加入 200g 蛋液，搅拌均匀，成面糊，备用。

（2）制作奶油蛋糕（面粉油脂拌合法）

① 低筋面粉过筛，与黄奶油一起加入搅拌桶，慢速搅拌均匀，然后高速打至松发。

② 余下的糖粉过筛，加入后搅拌均匀。

③ 分次加入余下的蛋液，中速搅拌均匀。

④ 最后加入制备好的面糊，中速搅拌均匀，成光滑细腻的面糊。

（3）装模发酵、烘烤

面糊装入高温纸杯，五六分满，放入发酵箱发酵至八分满时取出，入炉烘烤，炉温为 190℃ /170℃，时间为 20 分钟。

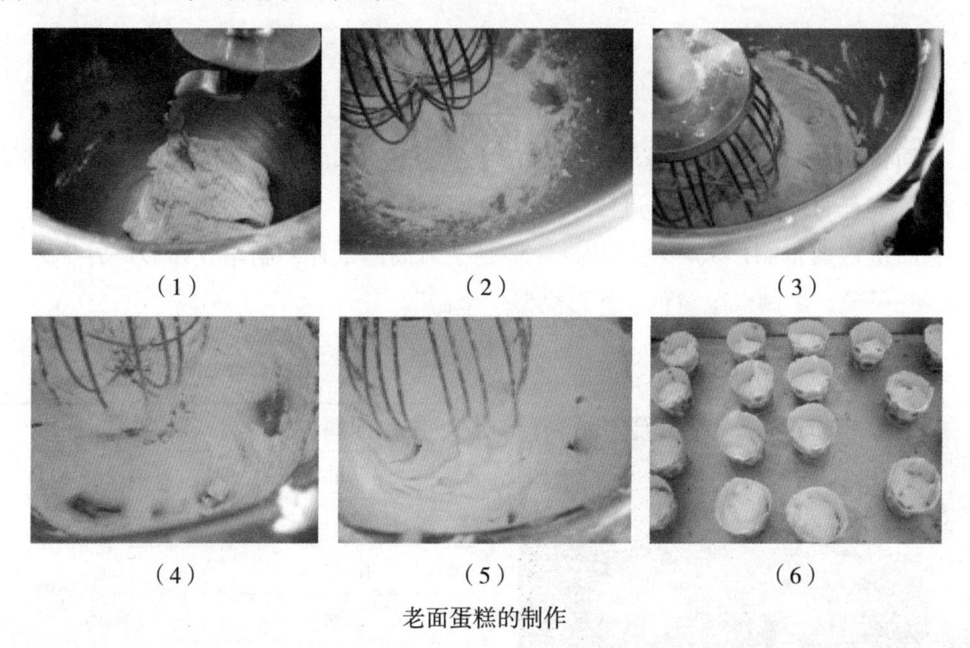

（1） （2） （3）

（4） （5） （6）

老面蛋糕的制作

重点难点分析

（1）种面发酵完成后，加入蛋液充分搅拌均匀，成均匀的糊状，不要有“面絮”留下，因为加入蛋糕面糊后很难再搅拌均匀。

（2）装模时，面糊装入量不要太多，以五六分满为宜，后面发酵至八分满即可烘烤。如果装入量太少，发酵量太大，组织会粗糙，口感不佳；如果装入量过多，烘烤时蛋糕面糊会溢出，影响产品质量。

用小吐司模制成的蛋糕

蛋糕也可以用小吐司模制作。

① 先在小吐司模上均匀地扫上一层黄奶油，装入蛋糕面糊至六分满。

② 放入发酵箱发酵至八分满，入炉以180℃ /170℃的炉温烘烤至金黄色，时间约25分钟。

③ 出炉后立即出模，翻转放在网架上冷却。

用小吐司模成型

3. 魔堡蛋糕

魔堡蛋糕是近期出现在食品市场的一款重油脂蛋糕，多在超市销售，一般采用充氮密封包装，保质期比较长，成本低。魔堡蛋糕组织细腻，口味清香，适合年轻消费人群。

魔堡蛋糕

魔堡蛋糕配方

原料		重量（g）
A	蛋	1000
	山梨糖醇	150
	甘油	25
	糖粉	950
	盐	15
	脱氧醋酸钠	1.7
	山梨酸钾	2.1
B	低筋面粉	1000
	泡打粉	20
	香粉	12
	奶粉	20
C	色拉油	950

制作过程

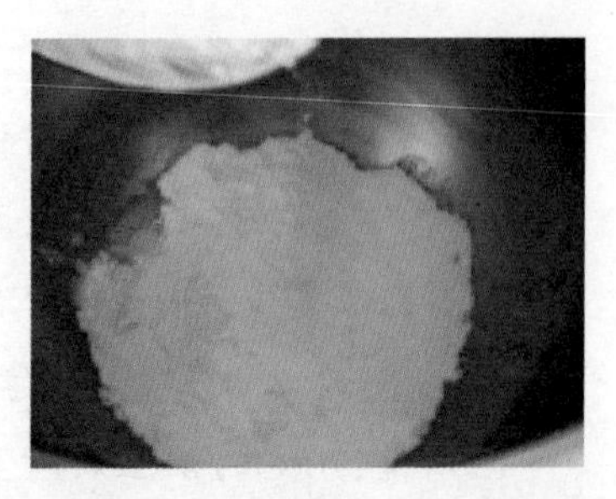

（1）

工艺流程：制作蛋糕面糊 → 装模 → 烘烤。

（1）制作蛋糕面糊

① A 部分所有原料一起投入搅拌桶，中速搅拌均匀。

② 将 B 部分过筛，慢速加入搅拌桶，搅拌均匀。

③ C 部分色拉油慢慢加入，搅拌均匀，制成蛋糕面糊。

（2）装模、烘烤

模具垫好油纸垫，装入蛋糕面糊，约七分满，入炉以 190℃ /170℃的炉温烤熟，时间约 20 分钟。

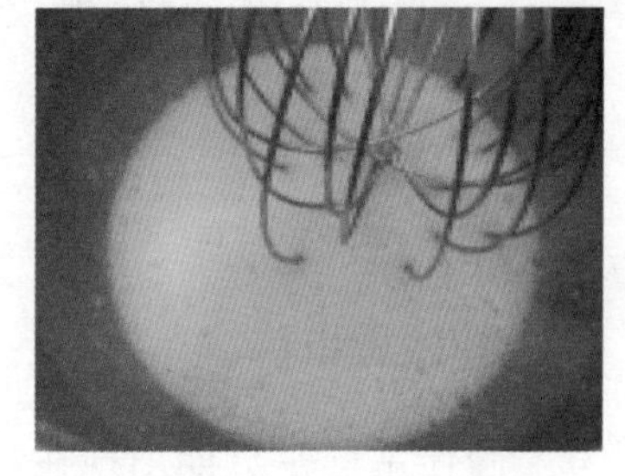

（2）

（5）

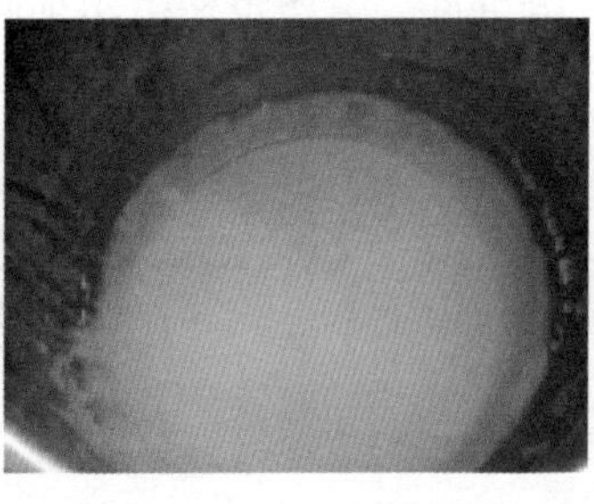

（4）

（3）

魔堡蛋糕的制作

重点难点分析

（1）加入山梨糖醇的目的是保湿，使蛋糕保持润滑的口感。

（2）甘油是一种乳化剂，能使蛋糕组织均匀细腻，同时防止蛋糕老化，延长货架寿命。

（3）脱氧醋酸钠和山梨酸钾是防腐剂，有防止蛋糕发霉变质的作用。

（4）泡打粉最好采用双效泡打粉。

第四节　啤酒蛋糕

啤酒蛋糕

啤酒蛋糕配方

原料		重量（g）
A	葡萄干	400
	啤酒	400
	水	400
B	鸡蛋	680
	细砂糖	720
	盐	4
C	低筋面粉	800
	泡打粉	11
	小苏打	8
D	色拉油	600

制作过程

工艺流程：整理模具 → 煮葡萄干 → 搅拌面糊 → 装模 → 烘烤。

① 圆形蛋挞模具垫好油纸垫，备用。

② A 部分葡萄干、啤酒、水一起放入物料盆，小火煮成泥状。

③ B 部分的鸡蛋、细砂糖、盐一起投入搅拌桶，中速搅拌至细砂糖溶解。

④ 将 C 部分过筛，慢速加入搅拌桶搅拌均匀。

⑤ D 部分色拉油慢慢加入搅拌桶，搅拌均匀，再加入煮成泥的 A 部分，充分搅拌，使原料成蛋糕面糊。

⑥ 装入蛋糕面糊，约八分满，入炉以 200℃/170℃的炉温烤熟，时间约 18 分钟。

（1）（2）（3）（4）（5）（6）（7）

啤酒蛋糕的制作

第五节　布丁与慕斯

1. 盆栽布丁

盆栽布丁

盆栽布丁配方

原料	重量（g）
牛奶	150
椰浆	150
砂糖	25
椰子香粉	5
明胶片	10

制作过程

工艺流程：浸泡明胶片 → 加热融化 → 装模冷冻 → 装饰。

① 明胶片用冷水泡软。

② 牛奶和椰浆倒入奶锅，中火加热至液体微微沸腾即可关火，加入砂糖、泡软的明胶片、椰子香粉搅拌至融化。

③ 冷却后倒入模具，冷藏 3 小时以上。

④ 凝固后在表面用黑色饼干碎或黑色巧克力碎装饰，中心放两片薄荷叶。

（1）　（2）　（3）

（6）　（5）　（4）

盆栽布丁的制作

重点难点分析

（1）明胶片不要泡太久，一定要用冷水，否则易融化，夏天泡 1~2 分钟即可。

（2）椰浆的浓稠度可以自己调整，砂糖的用量也可以适当调整，如果售卖时加果酱、蜜豆等，砂糖的分量可减少。

（3）冷藏温度不宜过低，不能产生冰晶，1℃ ~5℃最佳。

2. 鸡蛋布丁

鸡蛋布丁

鸡蛋布丁配方

原料	用量
鸡蛋	8 个
牛奶	300g
细砂糖	40g
柠檬皮碎	1g

制作过程

工艺流程：搅拌混合 → 融化细砂糖 → 过滤 → 装模烘烤 → 装饰。

① 鸡蛋用开蛋器撞击两下，然后用手一点点掰开，倒出蛋液。

② 将鸡蛋壳里外洗净沥干，备用。

③ 取两个鸡蛋的蛋液的量，将蛋液打散；牛奶加细砂糖，用搅拌器搅拌至细砂糖化开，然后倒入蛋液一起打匀。

④ 用滤网将牛奶蛋液过滤两次以上，成为细腻无杂质的牛奶蛋液（即布丁液），撒入适量柠檬皮碎，也可以用香草粉代替，目的是除去蛋腥味。

⑤ 将布丁液倒入蛋壳模，八九分满，烤盘里加热水，将蛋壳模放在饼干模上固定住，用 190℃ /190℃的炉温烤 20 分钟左右。

⑥ 冷却后表面装饰上水果丁。

（1）

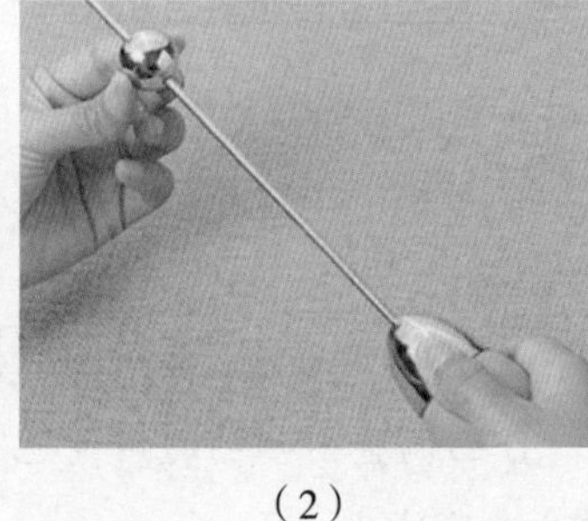
（2）

（3）

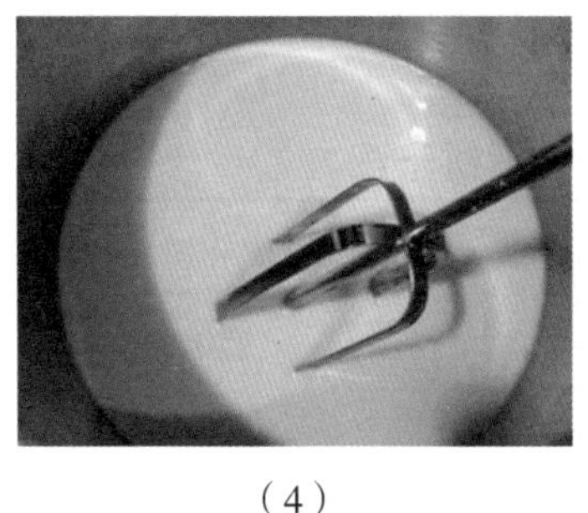
（4）

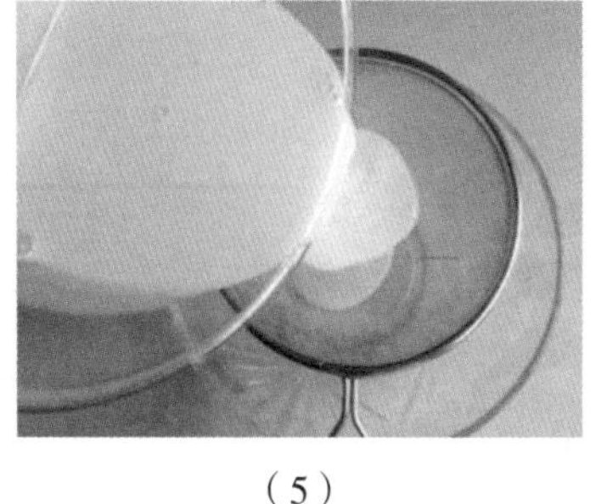
（5）

（6）

鸡蛋布丁的制作

重点难点分析

（1）蛋液泡沫一定要过滤掉，否则表面不光亮，会有麻点出现。

（2）布丁放入烤盘，在烤盘中倒入开水，不要用冷水，以减少烤制时间，组织也会更加细腻。

3. 提拉米苏

提拉米苏是一种带咖啡酒味道的意大利甜点。提拉米苏以奶酪作为主要材料，再以手指饼干取代传统甜点的海绵蛋糕，加入咖啡、可可粉等原料配制的咖啡酒，具有丰富的口感，它口感香、滑、甜、柔，深受年轻人喜欢。

目前市场上常见的提拉米苏有“原版”和“简版”两种，“原版”分为四层，底层为手指饼，第二层为奶酪慕斯，第三层是吸饱咖啡酒的手指饼，最上面再铺一层奶酪慕斯。“简版”的提拉米苏多装到杯子里，先注入奶酪慕斯，中间填充吸满咖啡酒的手指饼干。

提拉米苏

(1) 制作手指饼干

手指饼干

手指饼干配方

原料	重量(g)
全蛋	150
细砂糖	75
面粉	75

制作过程

工艺流程:

① 将全蛋的蛋黄和蛋白分开，备用。

② 蛋白中加入 45g 细砂糖，中速打发。蛋黄中加入 30g 细砂糖，高速打发。

③ 将打发好的蛋白和蛋黄混合，小心筛入面粉，搅拌均匀。

④ 在烤盘上撒面粉，面糊装入裱花袋，挤成手指形。

⑤ 放入预热(200℃ /150℃)好的烤箱，烤 10 分钟左右即可。

(2) 咖啡酒

咖啡酒可以选择甘露咖啡力娇酒或者波士咖啡力娇酒。

甘露咖啡力娇酒

波士咖啡力娇酒

（3）制作奶酪慕斯

奶酪慕斯

奶酪慕斯配方

原料	用量
蛋黄	3个
糖粉	50g
蜂蜜	50g
鱼胶片	3片
水	110g
奶酪	300g
鲜奶油	300g

制作过程

工艺流程：

① 蛋黄打至发白，加入糖粉、蜂蜜，隔水加热至65℃，一边加热一边搅拌，防止煳底。

② 鱼胶片泡冷水，小火加热至融化，然后加到调制好的蛋黄液中，搅拌均匀。

③ 奶酪隔水加热，搅拌至融化。

④ 把融化的奶酪加入调制好的蛋黄液中，搅拌均匀，充分混合。

⑤ 鲜奶油打发，加到调制好的奶酪和蛋黄液中，搅拌均匀。

（1）（2）（3）（4）（5）（6）

奶酪慕斯的制作

（4）成型

工艺流程：

① 在慕斯杯中，装入奶酪慕斯，手指饼干充分吸收咖啡酒，放在中间。

② 装入奶酪慕斯，至满杯，抹平。

③ 表面撒上可可粉，用糖粉印出花纹装饰。

（1）

（2）

（3）

提拉米苏的成型

4. 果慕斯蛋糕（淡奶油）

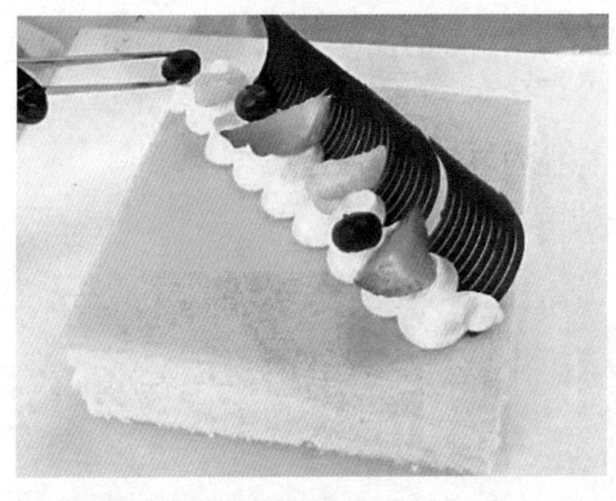
杧果慕斯蛋糕（淡奶油）

杧果慕斯蛋糕（淡奶油）配方

原料	用量
牛奶	80g
砂糖	100g
明胶	10g
酸奶	30g
杧果果泥	200g
淡奶油	260g
黄色水果淋面	100g
戚风蛋糕	两块

制作过程

工艺流程：制作慕斯水 → 打发淡奶油 → 混合慕斯浆 → 装模冷冻 → 装饰。

① 牛奶、砂糖，隔水加热至砂糖溶解，明胶先用冷水泡开，加到热牛奶中，一边加热一边搅拌至明胶融化。

② 加入 30g 酸奶，搅拌均匀，然后加入杧果果泥，搅拌均匀。

③ 淡奶油打发至六成，把做好的杧果慕斯水分次加到淡奶油中，混合均匀成慕斯浆。

④ 取 6 寸方形慕斯蛋糕模，先在底层铺一块戚风蛋糕，在蛋糕上面装一半慕斯浆，再放一块戚风蛋糕，小心压平排气。

⑤ 把剩余的慕斯浆装满模具，用抹刀刮平，放入冰箱中（5℃ ~ 6℃）冷藏两小时以上。

⑥ 取出冷藏好的慕斯，小心取出模具，表面淋黄色水果淋面，轻轻抹平。

⑦ 在慕斯蛋糕表面用巧克力和水果作装饰。

杧果慕斯蛋糕（淡奶油）的制作

5. 果慕斯蛋糕

杧果慕斯蛋糕

杧果慕斯蛋糕配方

原料		用量
慕斯水	明胶	60g
	冻开水	200g
	水	360g
	细砂糖	150g
	朗姆酒	15g
	鲜奶油	400g
	杧果果馅	200g
蛋糕	8 寸戚风蛋糕坯	1 个

制作过程

工艺流程：制作慕斯水 → 成型 → 冷冻 → 装饰。

（1）制作慕斯水

① 明胶加入冻开水，浸泡 30 分钟。

② 水煮开，加入细砂糖，搅拌至细砂糖溶解，加入泡好的明胶水，小火煮至 90℃，离火，加入朗姆酒，冷却至 40℃。

③ 鲜奶油打发，加入杧果果馅调均匀，最后加入调制好的明胶水。

（2）成型

① 8 寸戚风蛋糕坯一分为二，放一块在慕斯圈中，倒入慕斯水，晃动模具，使慕斯水充满整个角落。

② 再放上另一块蛋糕，压紧，倒入慕斯水，晃动模具，抹平。

（3）冷冻、装饰

① 放入冰箱冷冻结实后再取出，切件。

② 取白色巧克力一块，用锯齿刀刮成雪花状，粘在慕斯蛋糕表面。

③ 在蛋糕表面放上巧克力花或水果点缀。

杧果慕斯蛋糕的制作

第六节　古早蛋糕

1. 古早蛋糕

“古早味”，闽南语意为“怀念的味道”，古早蛋糕是一款“网红蛋糕”，最早流行于台湾，其口感绵软、湿润、香甜，有入口即化的感觉，常见的有三种口味：巧克力味、芝士流心、经典原味。

巧克力味古早蛋糕

芝士流心古早蛋糕

经典原味古早蛋糕

古早蛋糕配方

原料	重量（g）
蛋白	1700
砂糖	700
塔塔粉	10
盐	10
玉米淀粉	100
牛奶	550
液态酥油	550
低筋面粉	700
蛋黄	850

制作过程

工艺流程：制作蛋糕面糊 → 装模烘烤 → 切件装饰。

（1）制作蛋糕面糊

① 牛奶、液态酥油、部分砂糖放入物料盆，搅拌至砂糖溶解。

② 低筋面粉、玉米淀粉 80g 过筛，加入后搅拌均匀，至无粉粒。

③ 加入蛋黄搅拌成光滑细腻的面糊。

④ 蛋白放入打蛋桶，中速打至发泡，加入余下的砂糖、塔塔粉、盐、玉米淀粉 20g，高速打至中性起发，呈“公鸡尾状”（用比重计测出的数值为 0.17），再改用慢速搅拌 1 分钟，目的是打散蛋白浆内的大气泡。

⑤ 取 1/3 蛋白浆，与面糊混合均匀，最后加入余下的蛋白浆混合均匀（用比重计测出的数值为 0.4）。

（2）装模烘烤

① 蛋糕面糊倒入烤盘，抹平。

② 烘烤温度为 150℃ /150℃，烤制 120 分钟。

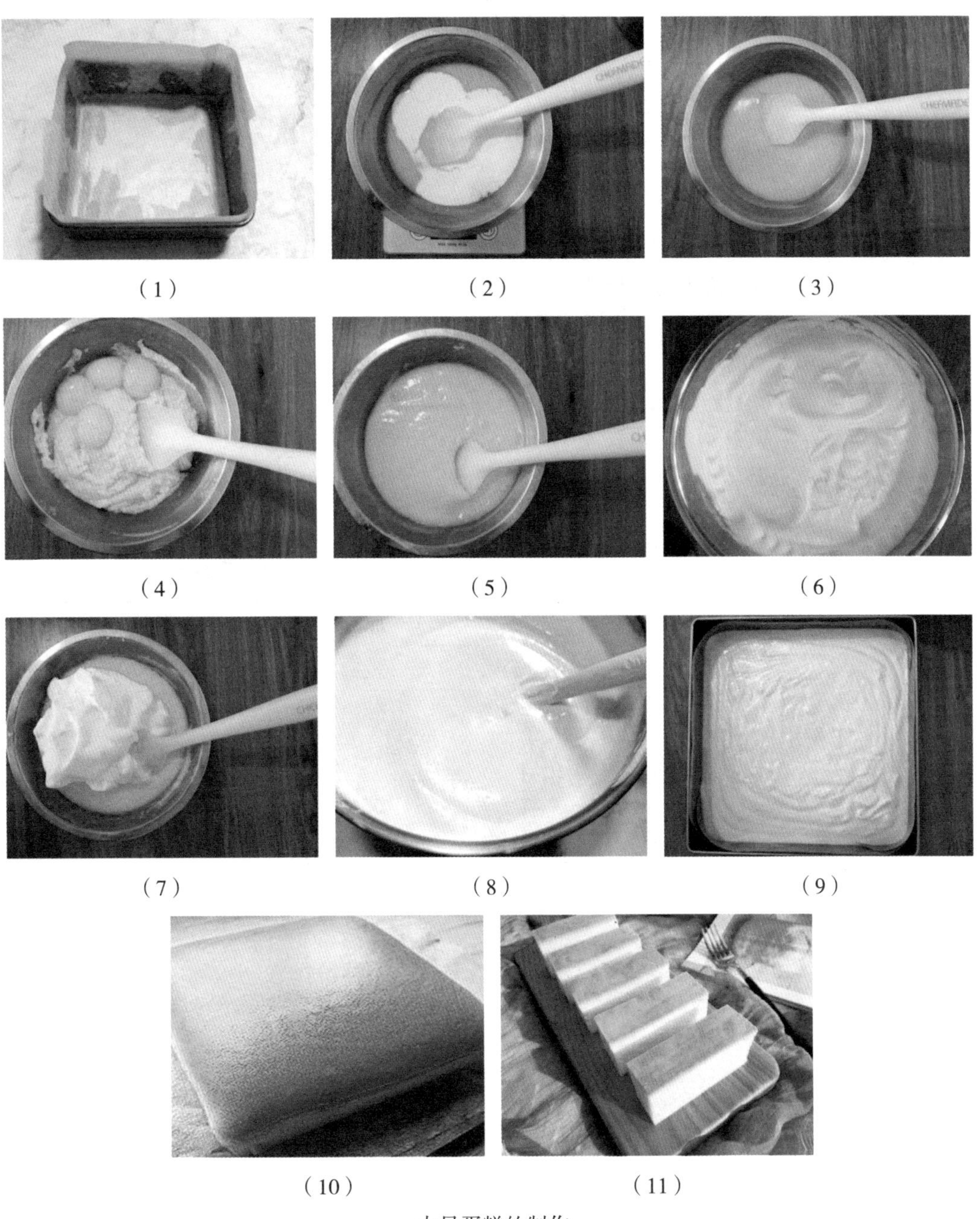

古早蛋糕的制作

重点难点分析

（1）烤箱温度不能设置太高，因为蛋糕比较厚，需要低温长时间烘烤。

（2）最好采用液态酥油，液态酥油香味浓郁、乳化性好，其次可用色拉油。

（3）古早蛋糕有专用的烤盘，烤盘四周垫白纸，白纸略微高出烤盘，方便脱模。

（4）蛋白和面糊搅拌的时候，要用翻拌的手法，注意不要过度搅拌。

2. 红曲米旋风卷

红曲米旋风卷

红曲米旋风卷配方

原料	重量（g）
蛋白	500
砂糖	220
塔塔粉	6
食盐	3
牛奶	150
液态酥油	140
低筋面粉	250
玉米淀粉	20
蛋黄	220
红曲米粉	10

制作过程

工艺流程：制作蛋糕面糊 → 装模烘烤 → 切件装饰。

① 牛奶、液态酥油、部分砂糖放入物料盆，搅拌至砂糖溶解。

② 低筋面粉、玉米淀粉过筛，加入物料盆，搅拌均匀至无粉粒。

③ 加入蛋黄，搅拌成光滑细腻的面糊。

④ 蛋白放入打蛋桶，中速打至发泡，加入余下的砂糖、塔塔粉、食盐，高速打至中性起发，取1/3蛋白浆，与面糊混合均匀，最后加入余下的蛋白浆混合均匀，制作好白色蛋糕浆。

⑤ 取 1/3 白色蛋糕浆，加入红曲米粉，搅拌均匀，制作成红色蛋糕浆。

⑥ 烤盘垫纸，先装入白色蛋糕浆，抹平，然后在白色蛋糕浆上面挤上红色蛋糕浆，抹平。

⑦ 先纵向画出“之”字花纹，再横向画出“之”字花纹，放入烤箱，烘烤温度为 190℃ /160℃，烤制 25 分钟左右。

⑧ 取出晾凉，翻转蛋糕，取下白纸，底部抹奶油，卷起，切件。

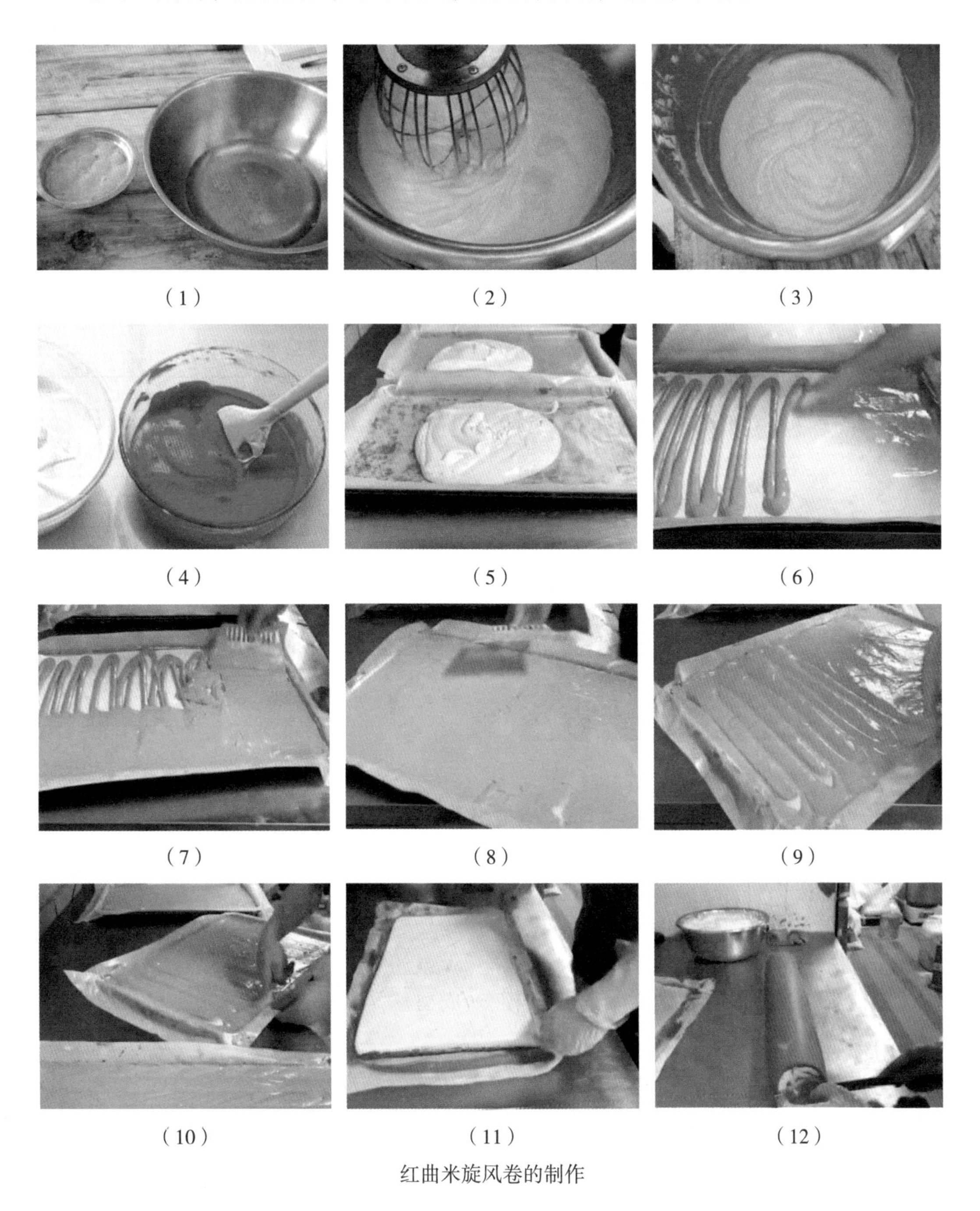

（1）（2）（3）（4）（5）（6）（7）（8）（9）（10）（11）（12）

红曲米旋风卷的制作

第八章　新派西饼制作技术

第一节　罗马盾牌、可乐吉士饼、蝴蝶酥、巧克力薄饼

1. 罗马盾牌

罗马盾牌的外形像一块古朴的镜子，所以又叫“夫人镜”。它以曲奇饼作为“镜框”，中间是融化的糖，作为镜面，造型新颖别致。

罗马盾牌

罗马盾牌配方

原料		重量（g）
皮	奶油	150
	糖粉	200
	蛋白	100
	低筋面粉	300
馅	奶油	40
	细砂糖	90
	葡萄糖	90
	杏仁片	25

制作过程

工艺流程：制作馅料 → 制作曲奇面糊 → 成型 → 烘烤。

（1）制作馅料

① 奶油、细砂糖、葡萄糖小火加热，煮至细砂糖溶解。

② 加入杏仁片搅拌均匀，晾凉备用。

（2）制作曲奇面糊：采用“面粉油脂拌合法”

① 皮部分奶油、低筋面粉一起投入搅拌桶，先慢速搅拌均匀，然后高速打至松发。

② 糖粉过筛加入，中速搅拌均匀。

③ 慢慢加入蛋白，中速搅拌均匀，成为光滑细腻的面糊。

（3）成型、烘烤

① 用裱花袋装起曲奇面糊，在高温布上挤成椭圆形，中间放入馅料。

② 入炉以 180℃ /150℃的炉温烤熟。

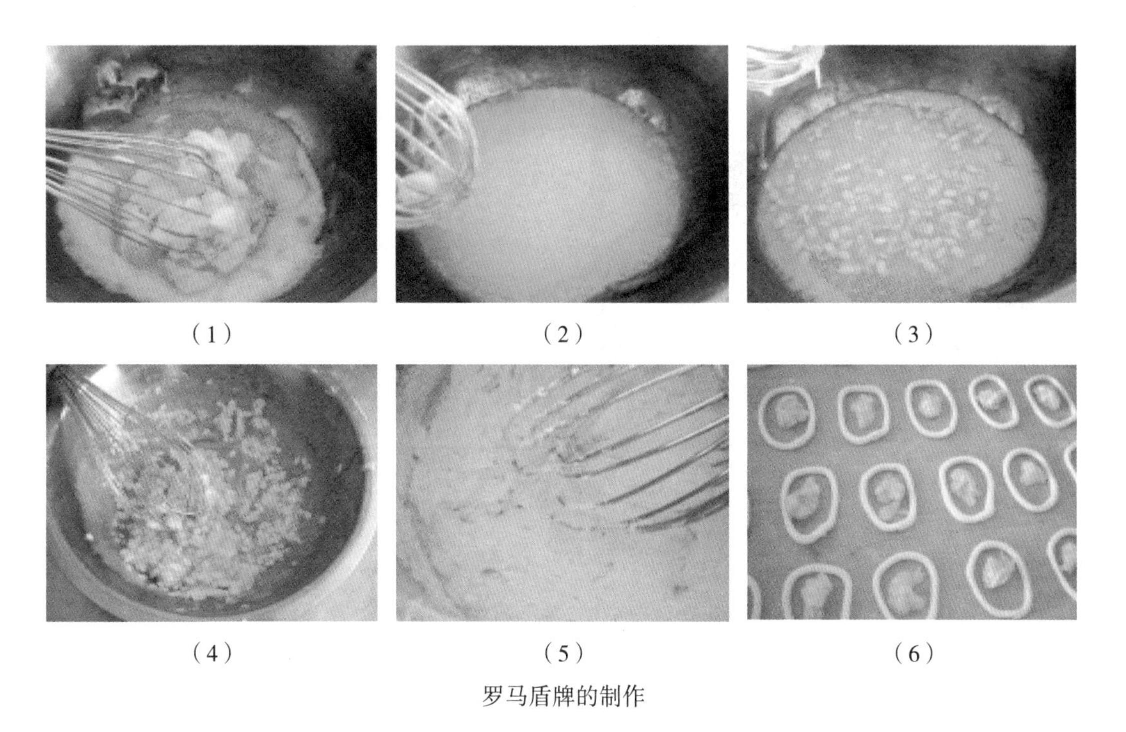

（1）（2）（3）（4）（5）（6）

罗马盾牌的制作

重点难点分析

（1）在制作馅料时，小火煮至糖溶解即可，不要长时间加热，长时间加热会使部分糖转化，制品成熟后中心部分会变软，甚至不凝固。

（2）加入杏仁片的目的是增强制品中心部分——糖构成的“镜面”，使其不易变形，也可以用瓜子仁代替。

（3）制品在烘烤时要放平，这样出炉冷却后才能取下。

2. 可乐吉士饼

可乐吉士饼

可乐吉士饼配方

原料	重量（g）
全蛋	700
砂糖	450
盐	5
高筋面粉	450
低筋面粉	150
蛋糕油	40
香草粉	5
泡打粉	5

制作过程

工艺流程：制作面糊 → 成型 → 烘烤 → 装饰。

（1）制作面糊

① 全蛋、砂糖、盐中速搅拌至砂糖溶解。

② 面粉、泡打粉、香草粉过筛，与蛋糕油一起加入，先用中速搅拌均匀，然后高速打发。

（2）成型、烘烤

烤盘垫好白纸备用，将面糊装入裱花袋，挤在白纸上，成圆形，入炉以 210℃ /150℃ 的炉温烤熟，时间约 15 分钟。

（3）装饰

饼冷却后取下，一般两个一组，用奶油粘好，在表面用黑色巧克力画出笑脸图案。

（1）

* 笑脸图案的制作过程：

① 把饼的一端在融化好的巧克力内蘸一下，制作出头部。

② 用裱花袋装入巧克力，在表面挤上眼睛。

③ 画一条弧线作嘴巴。

可乐吉士饼的制作

重点难点分析

（1）烘烤时底火要小，如果底火太大，烤出的可乐吉士饼色泽不好，并且外形小而高。

（2）可乐吉士饼有“男孩”和“女孩”之分，“男孩”头型是平的，嘴巴的弧形线条比较长；“女孩”嘴巴的线条要短，显得嘴巴小巧可爱。

3. 蝴蝶酥

蝴蝶酥

蝴蝶酥配方

原料		重量（g）
酥皮	低筋面粉	400
	高筋面粉	100
	全蛋	50
	细砂糖	50
	水	200
	酥油	50
油心	低筋面粉	250
	酥油	500

制作过程

工艺流程：制作酥皮 → 成型 → 烘烤。

（1）制作酥皮

① 细砂糖、全蛋、水投入搅拌桶，中速搅拌至细砂糖溶解。

② 低筋面粉、高筋面粉过筛，加入搅拌桶，搅拌成面团。

③ 加入酥油，揉成光滑的面团，放入冰箱静置30分钟。

④ 油心部分：低筋面粉、酥油混合均匀，反复揉搓，不能出现粉粒或油粒。装入托盘，放入冰箱冻硬。

⑤ 取出酥皮面团，包入冻好的油心，开大酥，折4、4、4（详细制作方法参考小香酥）。

（2）成型

① 折叠好的酥皮面坯擀开，厚3厘米，切成22厘米宽的面块，在面块表面喷上清水，撒上一层砂糖，将酥皮两端向内折，注意中间留一点空隙，再次对折，使上下酥皮叠在一起。

（1）

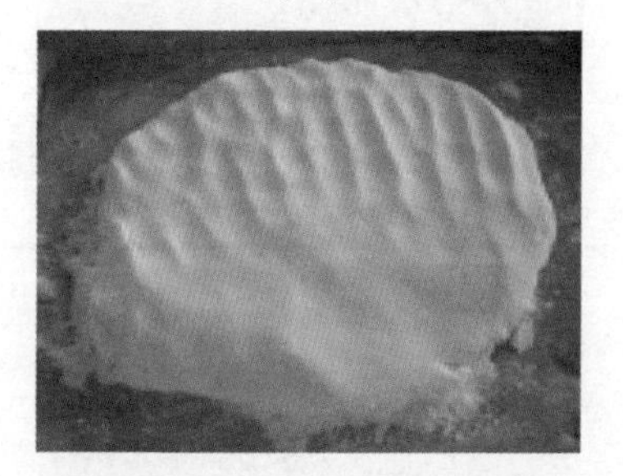
（2）

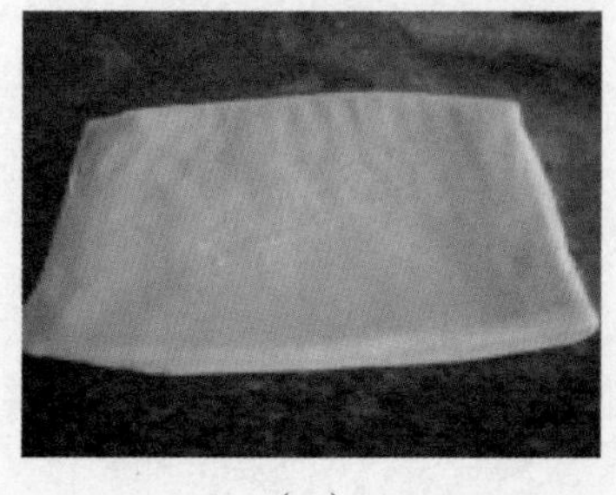
（3）

② 制作好的酥皮放入冰箱冻硬，取出切成 0.8 厘米厚的片，一面粘上砂糖，上盘（粘有砂糖的面向上）。

（3）烘烤

入炉以 200℃ /190℃的炉温烤至金黄色。

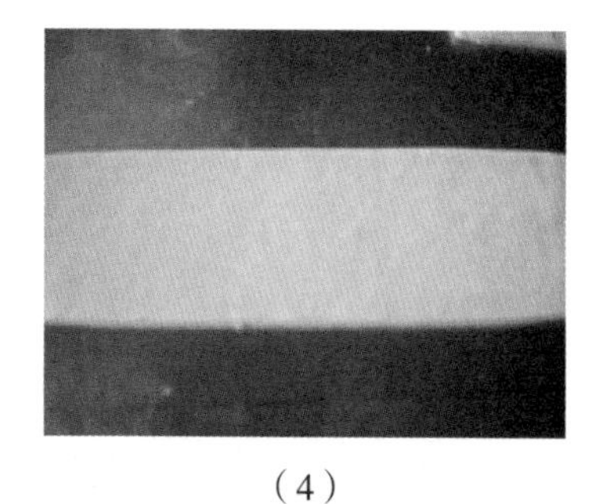

（4）

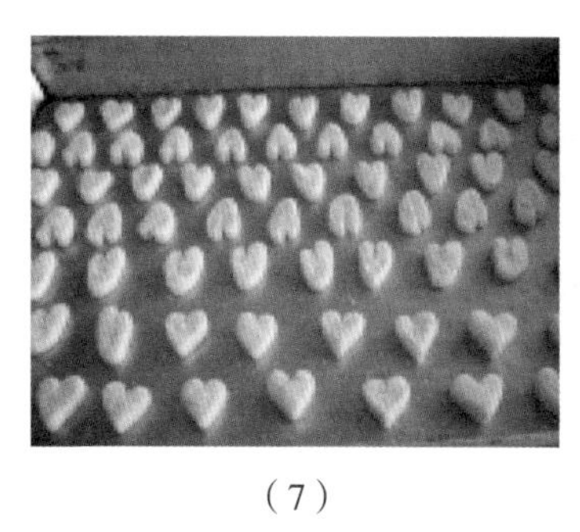

（7）

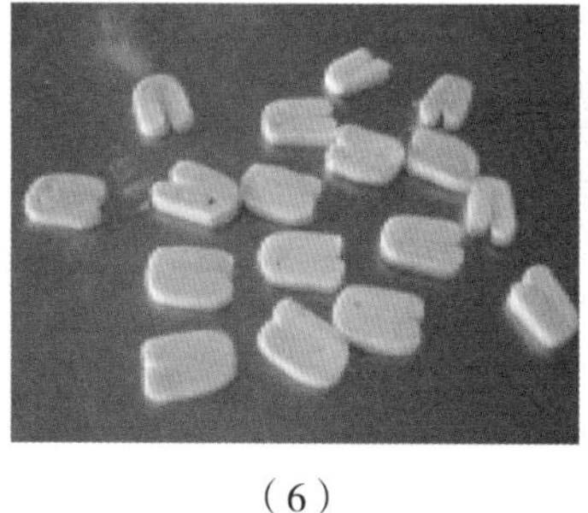

（6）

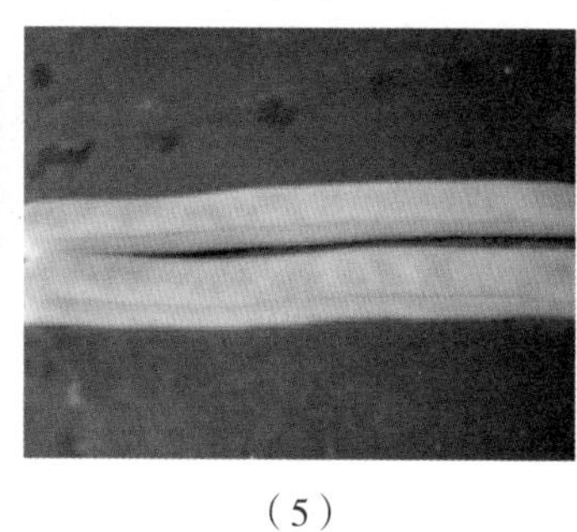

（5）

蝴蝶酥的制作

重点难点分析

（1）在制作酥皮时，要控制好加水量，要求稍“软”，不能“硬”，要有一定的水分含量，如果酥皮比较“硬”，则起酥的效果不好，口感不松化。

（2）制作蝴蝶酥时用的油心可以是片状起酥油，但是口感不太好，制品“绵”而不“脆”，不如使用传统方法。

（3）在成型时，表面喷水再折叠，这样可以防止烘烤时成品散开、变形。

（4）半成品上盘时，饼与饼之间要留一定的空隙，这是因为蝴蝶酥烘烤时体积会膨胀，摆放太密的话成品会挤压变形。

4. 巧克力薄饼

巧克力薄饼

巧克力薄饼配方

原料	用量
酥油	200g
细砂糖	250g
盐	6g
全蛋	2个
低筋面粉	350g
小苏打	4g
巧克力	100g
核桃	150g

制作过程

工艺流程：制作面团 → 成型 → 烘烤。

（1）制作面团

① 巧克力用刀切成碎粒，核桃切成黄豆大小的颗粒，备用。

② 低筋面粉、小苏打过筛，与巧克力、核桃混合均匀，开窝。

③ 在面粉中间放入酥油、细砂糖、盐，用手擦至浅白色，全蛋打成蛋液，再分次加入，混合均匀，使蛋液和酥油充分混合。

④ 加入面粉、巧克力、核桃，反复折叠均匀，成棕色油酥面团。

（2）成型

折叠好的油酥面团分割成多个 18g 的小面团，搓圆，放盘，中间留有一定的空隙，每盘 35 个左右。

（3）烘烤

入炉以 170℃ /150℃的炉温烤熟。

(1)　(2)　(3)

(4)　(5)　(6)

巧克力薄饼的制作

第二节　麻薯、雪媚娘、阿拉棒、椰子球

1. 麻薯

传统的麻薯是由糯米粉蒸制而成的，蒸熟后包入各种馅料。传统工艺制作的麻薯保质期短，容易变硬，不耐贮存，随着近几年食品工业的发展，一些企业用变性淀粉等新材料来制作麻薯，使麻薯保质期长、柔软、抗氧化。麻薯产品花样多，口味好，如今各级市场都能见到它的身影。

麻薯

麻薯配方

原料	重量（g）
水	450
糖粉	450
糯米粉	500
玉米淀粉	300

制作过程

工艺流程：制作麻薯皮 → 包馅成型。

（1）制作麻薯皮

① 水、糖粉、糯米粉一起投入搅拌桶，高速搅拌均匀。

② 将粉糊倒入方盘，放入蒸笼中大火蒸熟，时间约 30 分钟。

③ 蒸熟的粉糊趁热投入打蛋机，高速搅打至软糯，成麻薯皮，时间约 1 分钟。

（2）包馅成型

① 玉米淀粉作为“手粉”，将麻薯皮放入烤炉烤熟，烤熟的麻薯皮呈白色，备用。

② 案台清洁消毒，撒上淀粉，取出麻薯皮，趁热包入红豆馅，做成圆形。皮和馅的比例为 5:2。

③ 包好的麻薯滚上“手粉”，放在纸垫上。

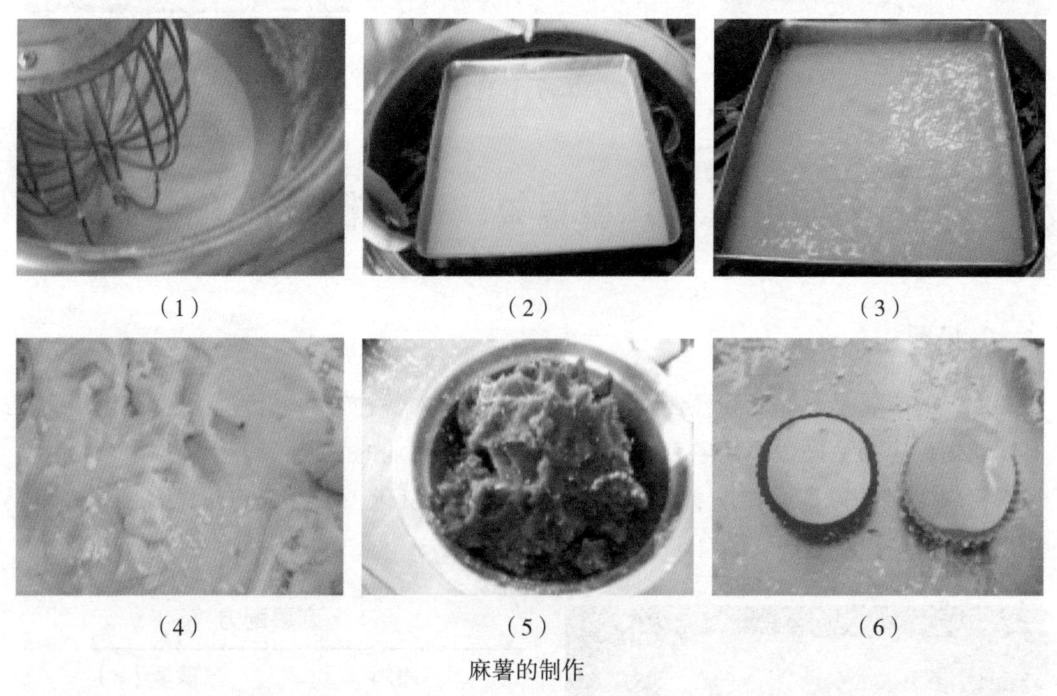

（1）（2）（3）（4）（5）（6）

麻薯的制作

重点难点分析

（1）粉糊蒸制的时间与粉糊的厚度、多少有关，判断粉糊成熟的方法是用竹签在粉糊中搅动一下，感觉有阻力，粉糊呈膏状，取出竹签观察，竹签上没有粉浆，表明已经成熟。

（2）玉米淀粉本身带有浅黄色，烤熟后为粉白色，制作麻薯时使用玉米淀粉的目的是防止粘连和使麻薯显得更加洁白。

（3）麻薯要趁热包馅制作，冷却后麻薯皮变硬，很难捏合在一起。

2. 雪媚娘

雪媚娘

雪媚娘配方

原料	用量
细砂糖	550g
玉米淀粉	350g
糯米粉	450g
炼乳	100g
水	850g
水果	500g
蛋糕	1块
鲜奶油	500g

制作过程

工艺流程：制作雪媚娘皮 → 包馅成型。

（1）制作雪媚娘皮

① 水、炼乳、细砂糖一起投入搅拌桶，高速搅拌至细砂糖溶解。

② 玉米淀粉、糯米粉加入搅拌均匀，成粉浆。

③ 将粉浆倒入盘中，放入蒸笼中大火蒸熟，时间约30分钟。蒸熟的粉浆自然冷却，备用。

（2）包馅成型

① 取蛋糕一块，厚约1厘米，用圆形印模印出；水果切粒备用。

② 案台清洁消毒，撒上玉米淀粉，取出皮30g，擀薄，在中间挤上打发的鲜奶油，

放上少许水果粒，最后放上蛋糕。

③ 用手先拉住两个边，慢慢向中间拉伸，合拢，捏紧；用同样的方法拉伸另两个边，合拢，捏紧；最后整理成圆形，垫上纸垫。

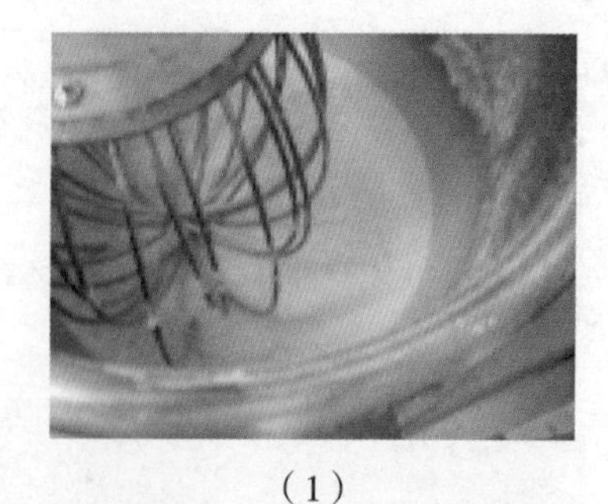

(1)

(4)

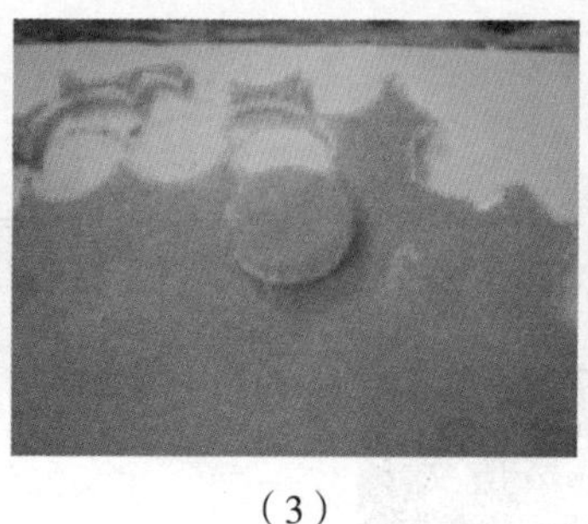

(3)

(2)

雪媚娘的制作

重点难点分析

(1) 蒸熟的雪媚娘皮冷却后才能使用，这是因为在热的时候挤上鲜奶油，鲜奶油会融化，难以成型，这一点与麻薯有所不同。

(2) 在拉伸面皮时，动作要慢、轻，雪媚娘的皮加入一定量的玉米淀粉，质地比较“脆”，容易断裂，不像麻薯皮有很好的延展性。

(3) 雪媚娘、麻薯都是经过再加工的产品，在制作时要严格遵守卫生标准，避免细菌感染，引起食物中毒。

3. 阿拉棒

阿拉棒

阿拉棒配方

原料		用量
A	酥油	300g
	细砂糖	650g
	全蛋	11 个
	三花植脂淡奶	40g
	老面团	650g
B	高筋面粉	2000g
	低筋面粉	600g
C	香芋色香油	7g

制作过程

工艺流程：制作面团 → 成型 → 烘烤。

（1）制作面团

① A 部分所有原料投入搅拌机搅拌至细砂糖溶解。

② 加入高筋面粉、低筋面粉搅拌均匀，至搅拌桶内水分完全被吸收，面团均匀，表面无水渍。

③ 面团平均分成两份，一份加入香芋色香油，搅拌均匀，成紫色面团，两块面团分别用保鲜膜包好，静置、松筋 30 分钟。

④ 松筋完成后，用压面机把两块面团反复滚压，直至光滑细腻，松筋备用。

（2）成型

① 白色面团擀压成厚 1.5 厘米、长 70 厘米的长方形面块；紫色面团擀压成厚度同白色面块、长度约为白色面块的 2/3、宽约 45 厘米的面块。

② 白色面块放在底层，紫色面块放在上层，一端对齐，白色面块多出的一端折向另一端，盖住紫色面块 1/2，最后把紫色面块一端折过来盖住白色面块，即三折一次。

③ 折叠好的面坯擀压成厚 2 厘米、宽 25 厘米的面块，用锋利的刀片切成 1 厘米宽的长条。用手拉住两端，边拉长边扭成麻花状面棒，长度比不锈钢网架稍长。

④ 不锈钢网架上垫一张白纸，把做好的面棒放在白纸上面，两端压在网架下面，摆放均匀，放在风扇下吹干，时间为 3~4 个小时。

（3）烘烤

把面棒切成合适的长段，上盘，以 160℃ /140℃的炉温烘烤成熟。

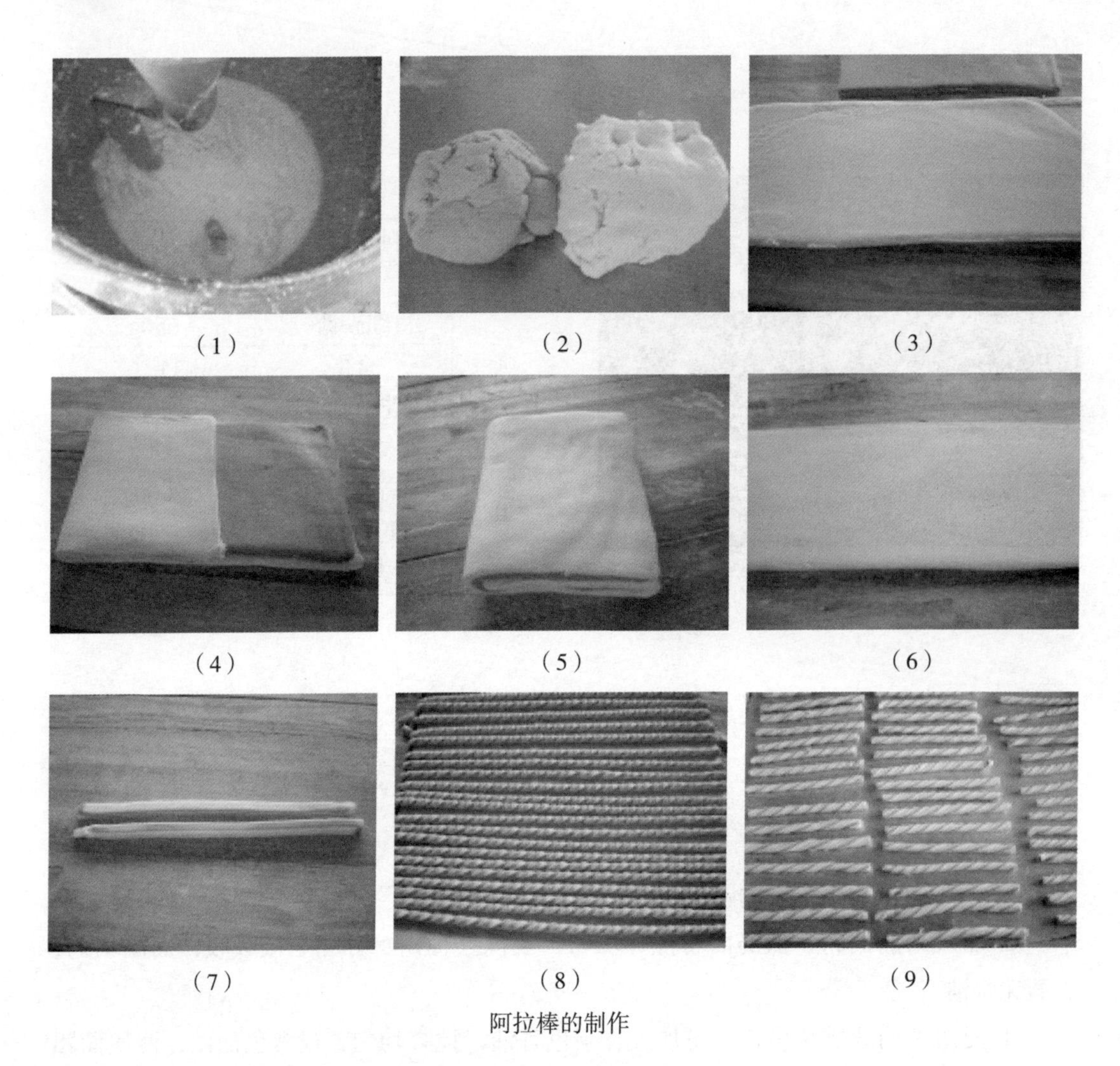
(1) (2) (3)
(4) (5) (6)
(7) (8) (9)

阿拉棒的制作

（1）原料说明：

① “三花植脂淡奶”是由高质量的新鲜牛奶浓缩制成的，口感爽滑细腻，多用来制作西点和调制咖啡。在本配方中，也可以用牛奶代替。

② “老面团”是指经过基础发酵的软质甜面包面团，取制作甜面包余下的面团即可。

（2）面棒风干环节非常重要，在此过程中：

①酵母充分繁殖发酵，使制品酥松。

② 蒸发掉大部分水分，在烘烤时制品体积不至于过度膨胀、变形，保持“松脆”的口感。

（3）阿拉棒要求色泽“鲜亮”，纹理清晰，因此在烘烤时需要低温长时间烘烤。炉温高，制品的颜色会比较暗，纹理不清晰。

第三节　花生酥、椰子球、纽扣饼

1. 花生酥

花生酥

花生酥配方

原料	重量（g）
全蛋	500
砂糖	600
盐	2
低筋面粉	650
奶粉	20
花生	600

制作过程

工艺流程：制作花生碎→制作面糊→成型→烘烤。

（1）制作花生碎

花生烤熟，用压面机压碎（米粒大小），用风扇吹去红色外皮备用。

（2）制作面糊

① 全蛋、砂糖、盐放入搅拌桶，中速搅拌至砂糖溶解，然后高速打发，用手指勾取蛋浆，约 3 秒钟滴一滴即可。

② 低筋面粉、奶粉过筛，加入慢速搅拌均匀。

（3）成型、烘烤

① 面糊装入裱花袋，在高温布上挤成手指状，撒上花生碎。

② 入炉以 190℃ /165℃的炉温烤熟。

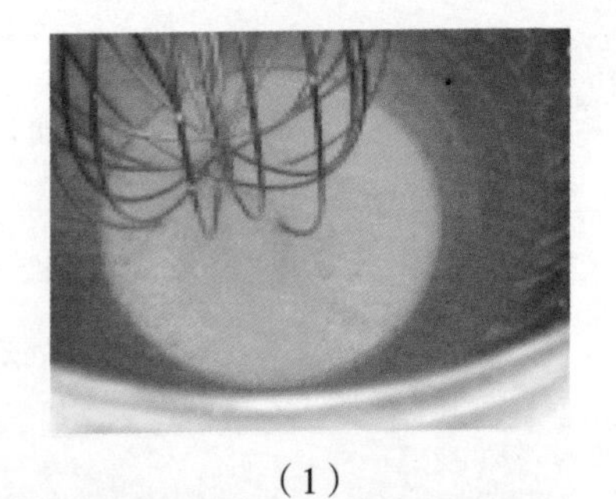

（1）

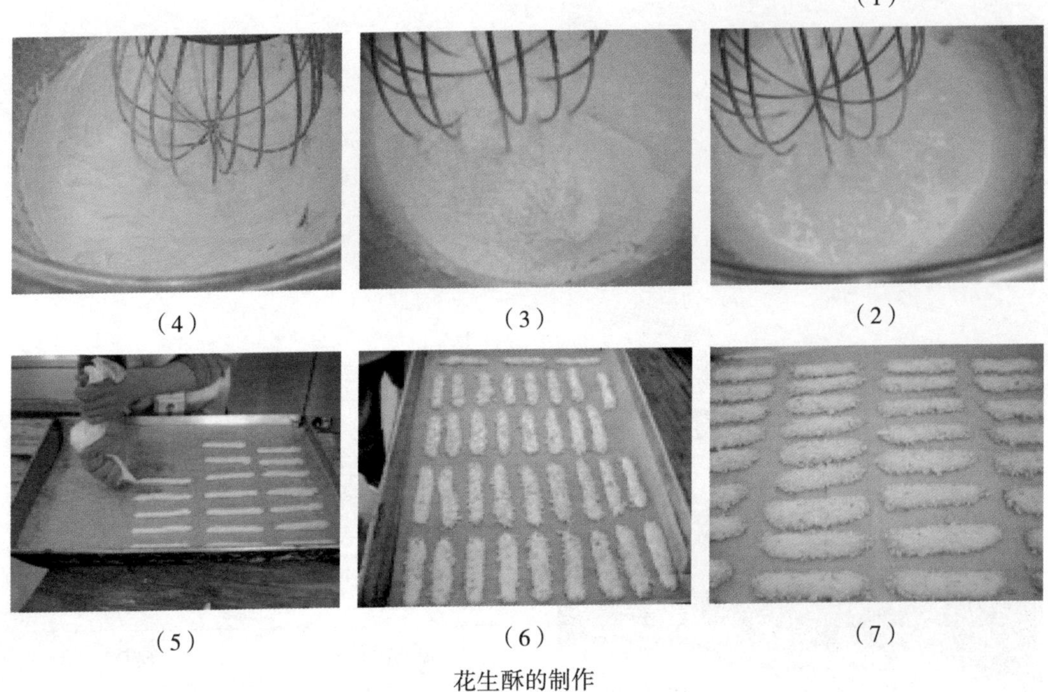

（4）（3）（2）

（5）（6）（7）

花生酥的制作

重点难点分析

（1）烤花生时，不必把花生的颜色烤得太深，因为花生是装饰在表面，还要再烘烤一次。

（2）配方中砂糖比较多，一定要搅拌至砂糖溶解后再打发，否则成品表面会出现白色的糖粒，影响成品质量。

（3）面糊的稳定性比较差，加入面粉后不要搅拌太久，混合均匀即可，并且一次不要制作太多面糊，要确保面糊在短时间内用完。

2. 椰子球

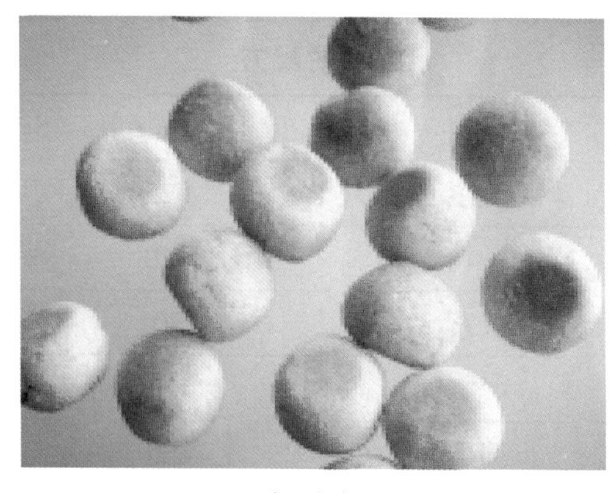
椰子球

椰子球配方

原料	重量（g）
椰蓉	575
奶粉	125
细砂糖	200
盐	2
酥油	100
椰浆	25
蛋黄	300

制作过程

工艺流程：制作椰蓉团 → 成型 → 烘烤。

（1）制作椰蓉团

① 酥油、细砂糖、蛋黄、盐、椰浆一起投入搅拌桶，中速搅拌均匀。

② 椰蓉、奶粉先混合均匀，然后投入搅拌桶，中速搅拌成“团”即可。

（2）成型、烘烤

① 将椰蓉团分割成 12g/ 个，搓成圆球，上盘。

② 在半成品表面扫上蛋黄，入炉用 180℃ /160℃的炉温烤至金黄色。

椰子球的制作

3. 纽扣饼

纽扣饼

纽扣饼配方

原料	重量（g）
全蛋	525
砂糖	350
蜂蜜	30
盐	3
低筋面粉	600
奶粉	30
蛋糕油	30

制作过程

工艺流程：制作面糊 → 成型 → 烘烤。

（1）制作面糊

① 全蛋、砂糖、盐、蜂蜜中速搅拌至砂糖溶解。

② 低筋面粉、奶粉过筛，与蛋糕油一起加入，慢速搅拌均匀，然后快速打发。

（2）成型、烘烤

面糊装入裱花袋，在高温布上挤成纽扣大小，入炉以 190℃ /165℃的炉温烤熟，呈金黄色。

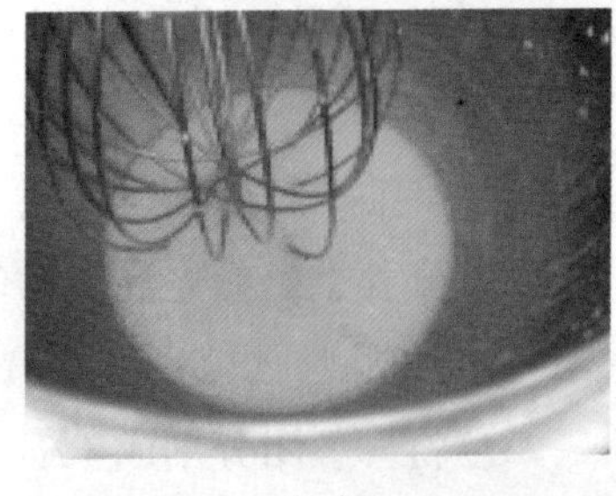

（1）

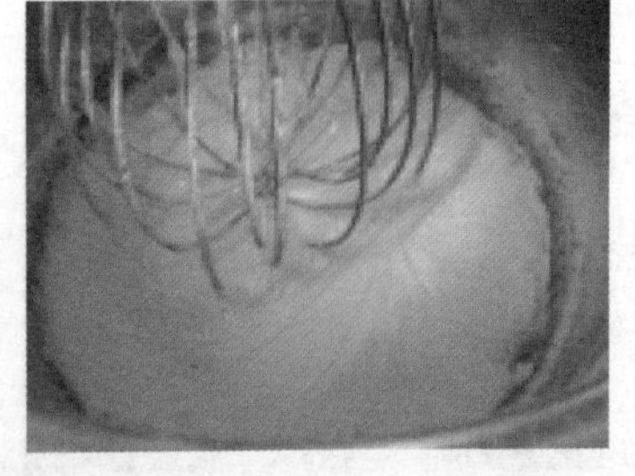

（2）

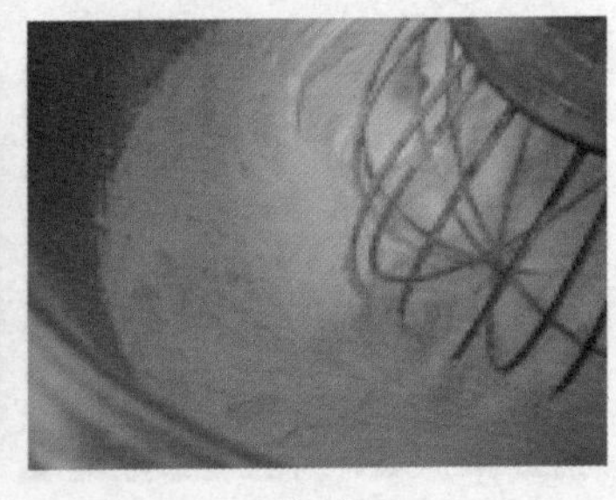

（3）

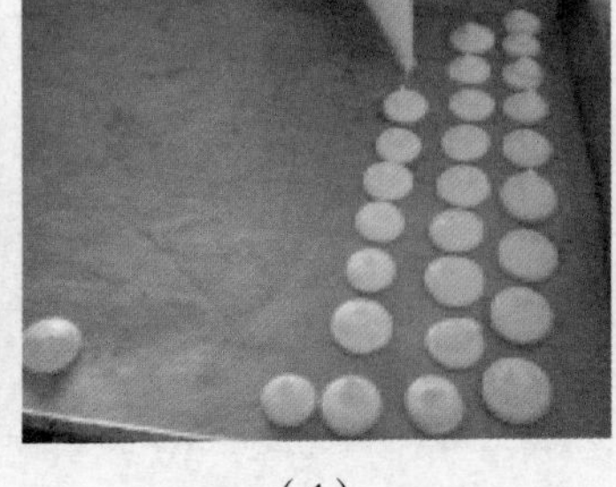

（4）

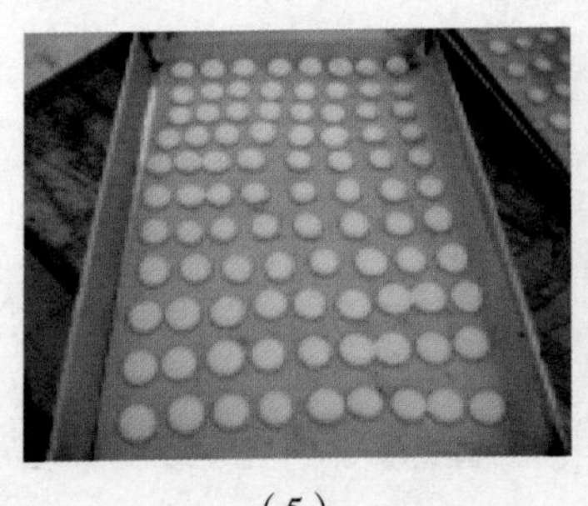

（5）

纽扣饼的制作

重点难点分析

（1）严格按照配方制作，配方中面粉比较多，目的是使面糊比较“硬”，纽扣饼比较饱满。

（2）面糊不能长时间放置，要尽快用完，放置时间太长，面糊会变稀，使产品不饱满。本节的配方可以制作5盘，适合一个人操作。

第九章 常见的港式茶餐厅点心制作技术

第一节 酥皮类点心

在我国的一些西饼店，为了迎合不同消费者的需求，通常都会制作一些大家普遍能接受的酥皮类点心售卖，如常见的蛋挞、老婆饼、蛋黄酥等。

1. 蛋挞

蛋挞皮有两种：一种是清酥皮，咬下去面渣四溅；另一种便是混酥皮，有一点曲奇的味道。混酥皮制作比较简单，但是口感不是很好，国内大多喜欢清酥蛋挞皮。

清酥蛋挞皮制作比较麻烦，工艺要求严格，特别是在折叠过程中要注意松筋，否则蛋挞烘烤时会收缩变形。清酥蛋挞皮根据包油的方法不同，又可分为“皮包油”和“油包皮”两种，“皮包油”制作工艺可参考小香酥、葡式蛋挞等，本节重点介绍“油包皮”的制作工艺。

蛋挞

蛋挞皮配方

原料		重量（g）
水皮	低筋面粉	500
	高筋面粉	125
	蛋	100
	砂糖	100
	水	250
	猪油	50
油心	猪油	500
	白奶油	375
	低筋面粉	500

蛋挞水配方

原料	重量（g）
冻开水	1000
砂糖	400
蛋	720
吉士粉	50
牛奶	100

制作过程

工艺流程：制作蛋挞水皮 → 静置、松筋 → 制作油心 → 包油 → 开酥 → 开皮 → 成型 → 烘烤。

（1）制作蛋挞水皮

① 水皮部分砂糖、水、蛋、猪油一起投入搅拌桶，搅拌至砂糖溶解。

② 面粉过筛加入搅拌桶搅拌至光滑，不需要打出筋度，用保鲜膜覆盖，放入冰箱冷冻松筋。

③ 油心部分搓均匀，要求无粉粒、无油粒，光滑细腻，放入托盘内抹平，放入冰箱冻硬。

④ 开酥前准备两个面粉袋备用。水皮擀开，同油心一样大小，贴在油心上面，翻转放在面粉袋上面，油心向上。

⑤ 用酥棍小心敲打油心一遍，取另一个面粉袋放在油心上面，翻转，此时油心向下，皮在上面。

⑥ 用酥棍一边敲打一边擀开，宽度同面粉袋，长度略大于面粉袋。两端向中间对折，即四折一次。

⑦ 面坯翻转过来，重复动作⑥，擀开，再四折一次。放入冰箱冷冻、松筋，时间约 30 分钟。

⑧ 取出面坯，放在面粉袋上，擀开，第三次四折（这一步可以用开酥机完成）。放入冰箱冷冻、松筋，时间约 50 分钟。

⑨ 取出面坯，放在开酥机上，擀开至 0.2 厘米 ~0.3 厘米厚，松筋 5 分钟，用圆形印戳印出，成圆饼形的面皮。

（2）成型（参考椰挞）

面皮两面都扑上面粉，放在挞模底部，一边转动一边用两个大拇指把酥皮慢慢捏满整个挞模，并且比挞模稍微高出一点，捏好的挞模松筋 30 分钟。

（3）烘烤

① 水、砂糖搅拌至砂糖溶解。

② 蛋、牛奶、吉士粉一起搅拌均匀，加入糖水中拌匀，尽量避免起泡。

③ 挞水过筛，滤去杂质，倒入捏好的蛋挞模中，约八分满，入炉以 250℃ /240℃的高温烘烤，至蛋挞水凝固后取出，时间约 12 分钟。

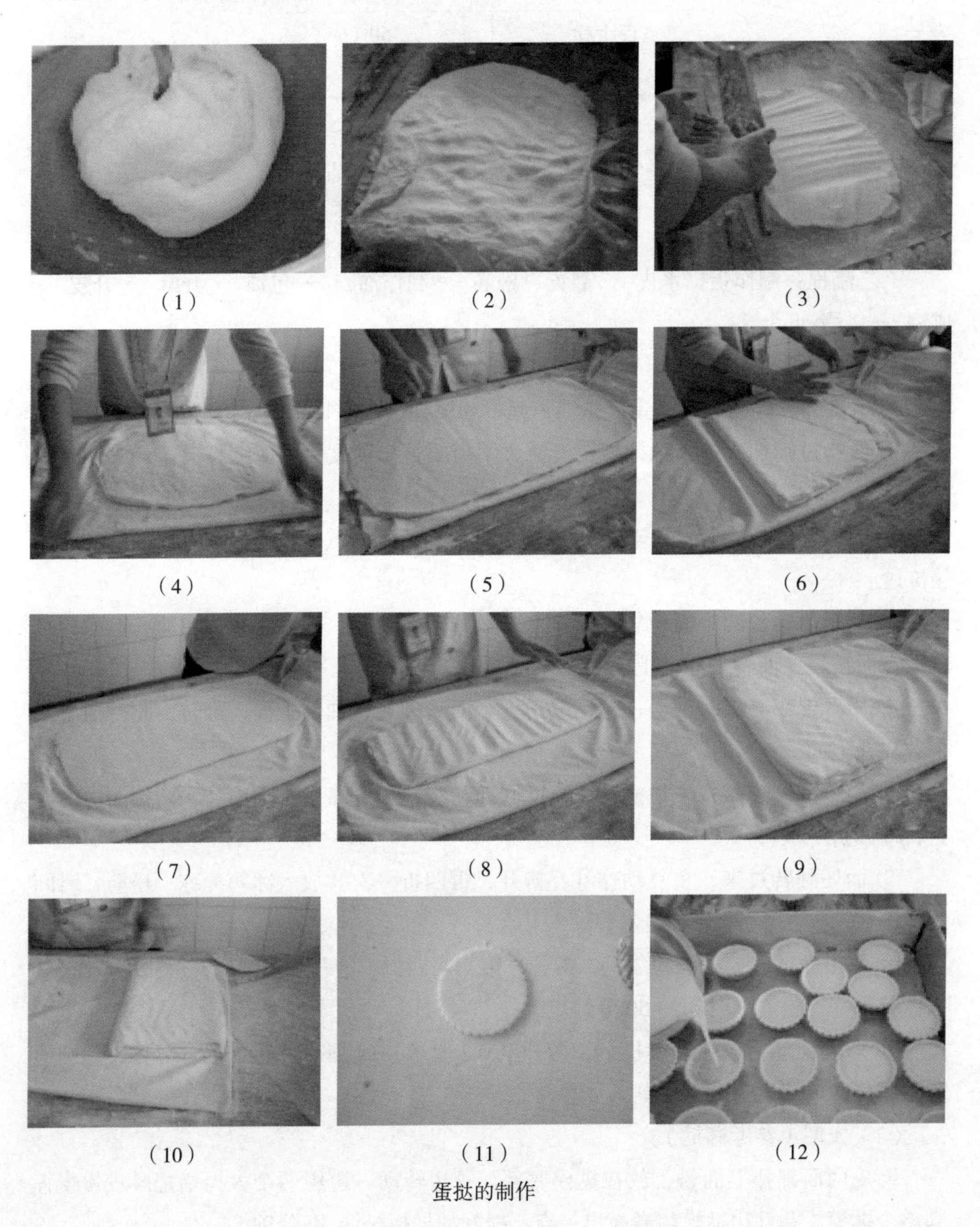

（1）（2）（3）（4）（5）（6）（7）（8）（9）（10）（11）（12）

蛋挞的制作

重点难点分析

（1）开酥的关键是油心与水皮的软硬度要一致，在开酥时，要注意松筋，捏好的挞模松筋后才能烘烤，避免酥皮收缩变形。

（2）判断油心有没有冻好的方法：用手指压油心的中心能够压穿，但是明显感觉有阻力，此时为最佳状态。如果没有什么阻力，则冷冻不够；如果阻力太大，则冷冻时间太长。

（3）在捏挞模时，用力要均匀，外形保持“肚大口小”。

2. 老婆饼

20世纪初，礼记饼家在传统制作工艺的基础上推陈出新，制作出多种口味的产品，老婆饼也随着这家百年老店的足迹走遍了欧美等国家和地区，成为久负盛名的特色产品。今天，老婆饼已经由单一的品种发展到现在的20多个品种、上百个制作方法，其中加入冬瓜糖、椰蓉制成的低糖老婆饼是最具代表性的一种。

老婆饼

老婆饼酥皮配方

原料		重量（g）
饼皮	低筋面粉	400
	高筋面粉	100
	砂糖	75
	猪油	150
	清水	300
油心	低筋面粉	350~400
	猪油	200

老婆饼馅配方

原料	重量（g）
砂糖	275
冬瓜糖	100
色拉油	200
水	300
白芝麻	75
椰蓉	50
糕粉	200

制作过程

工艺流程：制作酥皮 → 静置、松筋 → 制作油心 → 包油 → 开酥 → 制作饼馅 → 开皮 → 包饼 → 成型 → 扫蛋黄 → 烘烤。

（1）制作酥皮

① 饼皮部分低筋面粉、高筋面粉过筛，开窝，围成一个粉圈。

② 中间加入猪油、砂糖、清水，用手搓匀，逐渐加入面粉，搓至光滑，静置 30 分钟备用。

③ 油心部分低筋面粉、猪油揉搓均匀，至无粉粒、油粒。

④ 水皮分成 12g/ 个，油心分成 8g/ 个，即水皮和油心的比例为 3：2，用水皮包住油心，揉成圆形。

⑤ 把饼皮用酥棍擀开，从上卷成长条形，再次擀开、卷起，松筋备用。要求第一次卷起约 3 圈，第二次卷起约 2.5 圈，卷起的圈数不能太多，防止爆裂。

（2）制作饼馅

① 白芝麻、椰蓉烤熟，冬瓜糖用搅拌机打成蓉，备用。

② 取物料盆一个，加入色拉油、砂糖、水、烤熟的白芝麻与椰蓉、打成蓉的冬瓜糖，搅拌均匀。

③ 加入糕粉，拌均匀，静置 10 分钟，等糕粉充分吸收水分后，即可使用。

（3）成型与烘烤

① 饼皮擀开，成四周薄、中心厚的圆件，直径约 6 厘米，包入馅 20g，揉成圆形。

② 包好的面饼接口向上放在案台上，擀薄，成直径 6~7 厘米的圆饼，翻转放入烤盘，即接口一面向下。

③ 在面饼表面均匀扫上一层蛋黄，自然风干，再扫一次蛋黄，在表面用刀片划两个 1.5 厘米长的刀口，入炉以 200℃ /195℃的炉温烤至金黄色。

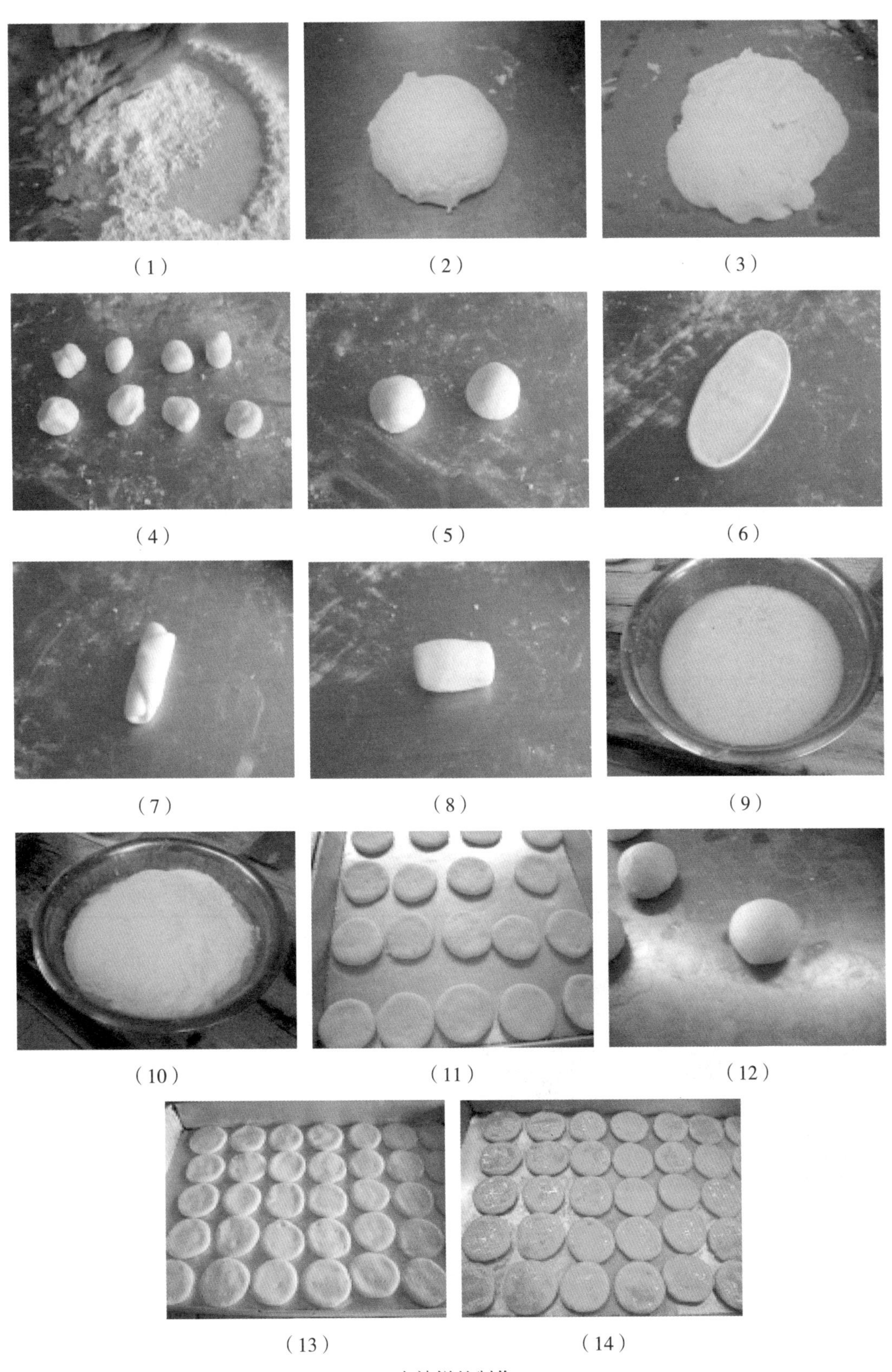

老婆饼的制作

重点难点分析

（1）制作饼皮时，饼皮适合“软”，而不能“硬”，因此要控制好加水量；面粉中的蛋白质吸收水分形成面筋，需要一定的时间，因此面团搓光滑后要静置30分钟。

（2）制作饼馅用的糕粉是一种熟糯米粉，糕粉吸收水分的量很大，但是速度很慢，所以加入糕粉后，馅料开始会很稀软，过一段时间后水分被完全吸收，馅料才会变得软硬适中。

（3）制作饼馅时，加入糕粉搅拌均匀即可，不能长时间搅拌，否则会出现“筋度”，导致烘烤时饼内的水蒸气无法溢出，饼身鼓起，中间形成空洞。

（4）面饼要求上面皮厚，下面皮薄，因此在包好馅料，开成圆件时，要从底部擀开，保持表面平整。

（5）扫完蛋黄后，要在饼面用刀划开两个刀口，在烘烤时使饼内的水蒸气溢出。

3. 蛋黄酥

蛋黄酥

蛋黄酥配方

原料	用量
老婆饼酥皮	10块
豆沙馅	320g
咸蛋黄	10个

制作过程

（1）

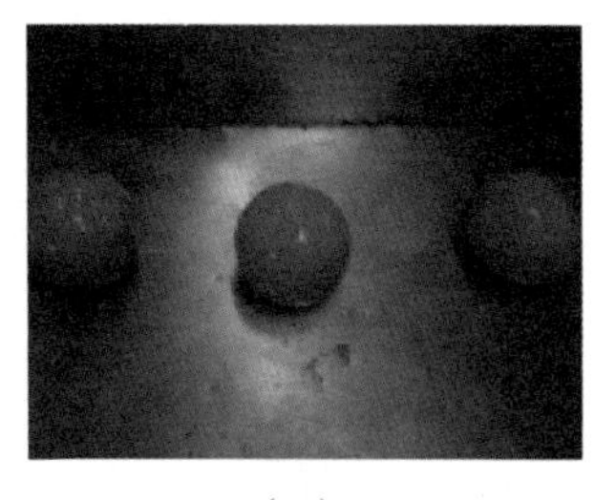

（2）

蛋黄酥的制作

工艺流程：制作酥皮 → 静置、松筋 → 制作油心 → 包油 → 开酥 → 开皮 → 包饼 → 成型 → 扫蛋黄 → 烘烤。

（1）制作酥皮

酥皮制作方法同老婆饼，水皮 24g、油心 16g，总重 40g。

（2）成型

① 豆沙馅分成 32g/ 个，包入一个蛋黄，搓成球。

② 饼皮擀开，成四周薄、中心厚的圆件，直径为 8~9 厘米，包入豆沙馅和咸蛋黄，揉成球。

③ 包好的面饼接口向下放入烤盘，在面饼表面均匀扫上一层蛋黄，自然风干，最后再扫一次蛋黄，入炉以 200℃ /195℃的炉温烤至金黄色。

4. 皮蛋酥

皮蛋酥

皮蛋酥配方

原料	用量
老婆饼酥皮	10 块
莲蓉馅	320g
皮蛋	2 个
酥姜	少许

制作过程

（1）

工艺流程：制作酥皮 → 静置、松筋 → 制作油心 → 包油 → 开酥 → 开皮 → 包饼 → 成型 → 扫蛋黄 → 烘烤。

（1）制作酥皮

酥皮制作方法同老婆饼，水皮 24g、油心 16g，总重 40g。

（2）成型

① 莲蓉馅分成 32g/ 个，皮蛋切成 6 块 / 个，酥姜切成

粒，莲蓉馅先与酥姜混合均匀，包入一块皮蛋，搓成球备用。

② 饼皮擀开，成四周薄、中心厚的圆件，直径为8~9厘米，包入制作好的莲蓉馅，成圆形，然后在案台上搓成椭圆形（如同鸡蛋一样）。

③ 包好的面饼接口向下放入烤盘，在面饼表面均匀扫上一层蛋黄，自然风干，最后再扫一次蛋黄，入炉以200℃/195℃的炉温烤至金黄色。

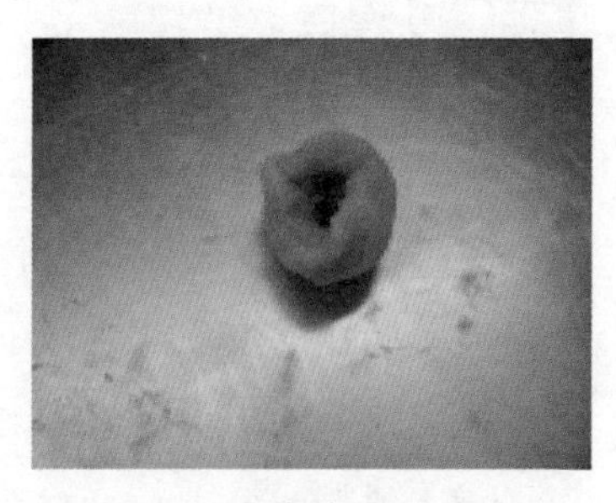

（2）

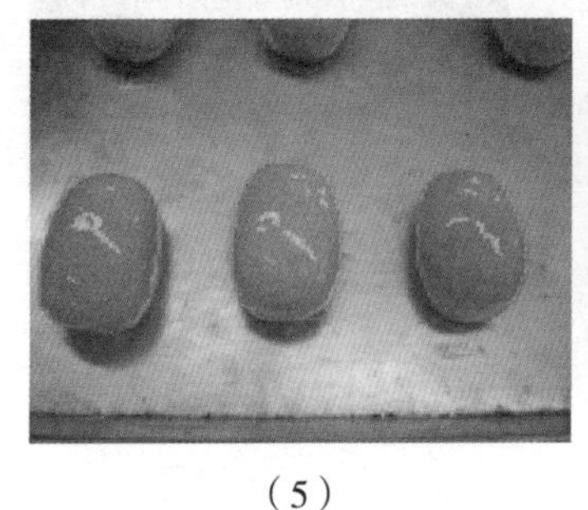

（5）

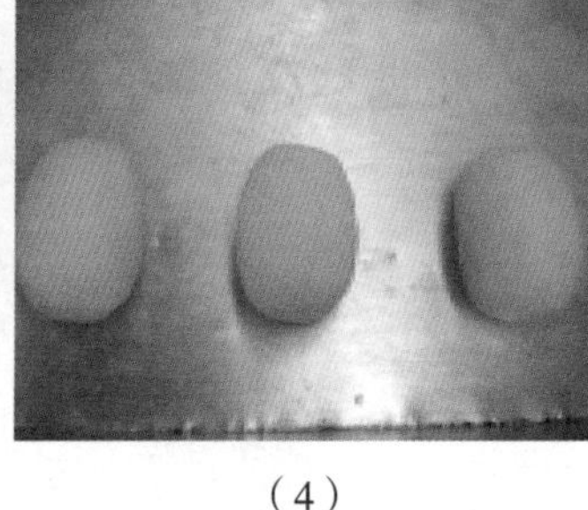

（4）

（3）

皮蛋酥的制作

5. 香妃酥

香妃酥是我国台湾地区的一款特色点心，它色泽洁白，多用椰蓉做馅，口感酥松，有浓郁的椰子香味和奶香味，深受人们喜爱。

香妃酥

香妃酥配方

原料		用量
皮	老婆饼酥皮	40块
馅	糖粉	200g
	椰蓉	240g
	水	90g
	奶油	100g
	奶粉	100g
	盐	2g
	低筋面粉	80g

制作过程

工艺流程：制作酥皮 → 静置、松筋 → 制作油心 → 包油 → 开酥 → 制作馅料 → 开皮 → 包饼 → 成型 → 烘烤。

（1）制作酥皮

酥皮制作方法同老婆饼，水皮 12g、油心 8g，总重 20g。

（2）制作馅料

① 椰蓉、奶粉、糖粉、低筋面粉、盐一起加入物料盆，混合均匀，加入水和奶油，搓揉均匀即可，馅料要求软硬适中。

② 饼皮擀开，成四周薄、中心厚的圆件，直径约 6 厘米，包入馅料 20g，搓成球。

③ 包好的面饼擀开，成椭圆形，两端向中间三折叠起。

④ 在表面粘上椰蓉，接口向下放入烤盘，入炉以 200℃ /195℃的炉温烤熟。

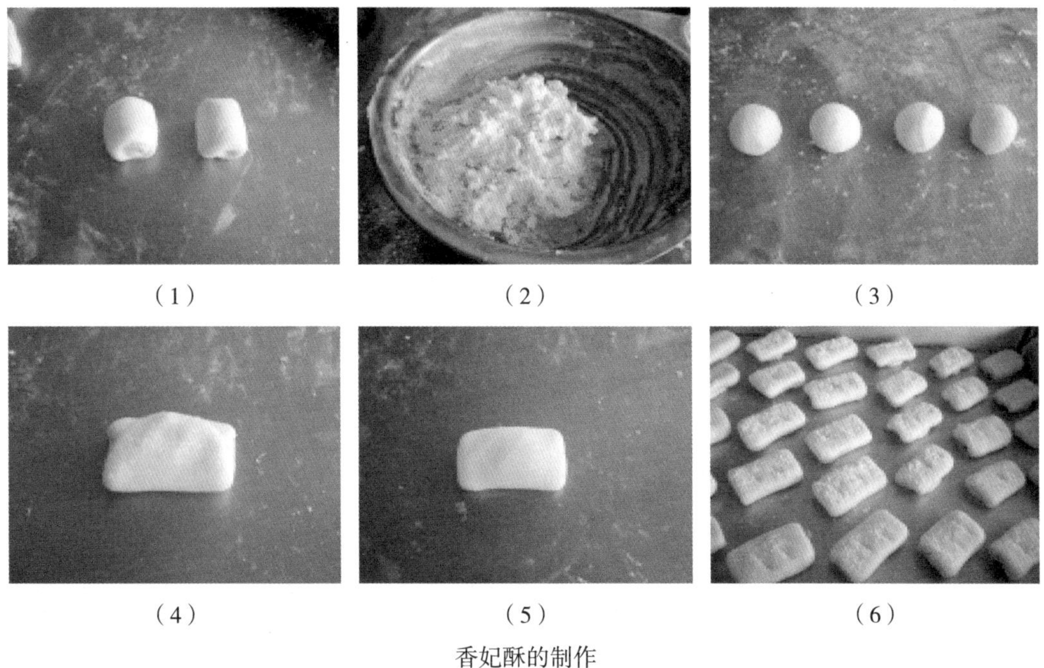

（1）　（2）　（3）

（4）　（5）　（6）

香妃酥的制作

第二节　核桃酥、鲍鱼酥、萨其马、鸡仔饼

1. 核桃酥

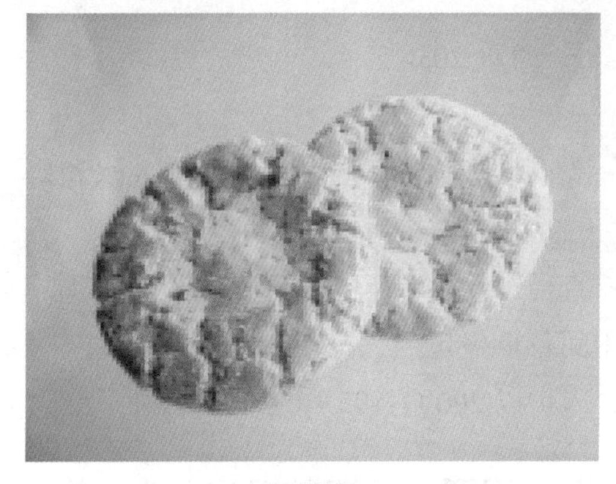

核桃酥

核桃酥配方

原料	用量
低筋面粉	500g
臭粉	2.5g
苏打粉	3.5g
砂糖	350g
牛油或猪油	250g
鸡蛋	1个

制作过程

工艺流程：面粉过筛 → 糖油混合 → 加入鸡蛋擦匀 → 埋粉 → 分割成型 → 扫蛋黄 → 烘烤。

① 先将低筋面粉过筛，放在一边备用。

② 砂糖、牛油或猪油、苏打粉、臭粉搓擦均匀，加入鸡蛋混合，擦至浮身。

③ 加入面粉，拌匀，用折叠手法叠两至三次。

④ 分成多个 18g/ 个的小面团，搓圆，均匀放入烤盘，稍压扁，再用手指在中间压一个坑，压到底，扫上一层蛋黄，入炉以 170℃ /150℃的炉温烤熟，产品要求色泽呈浅黄色，扁圆形，表面有裂纹，香甜松脆。

（1）

（2）

（5）

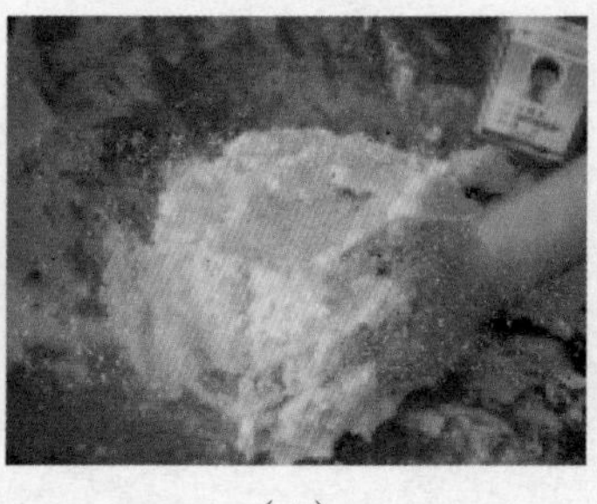

（4）

（3）

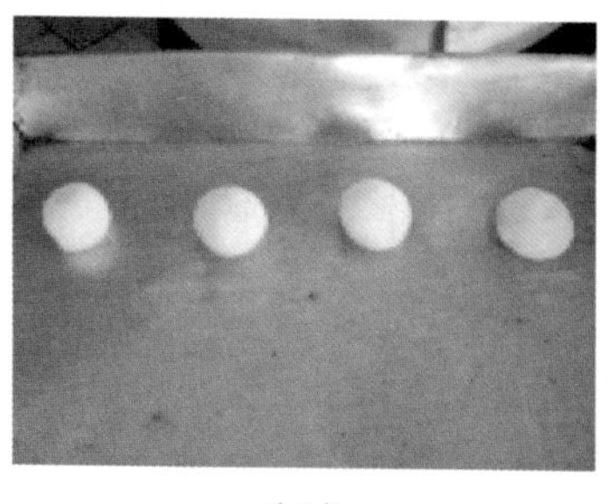

（6）

（7）

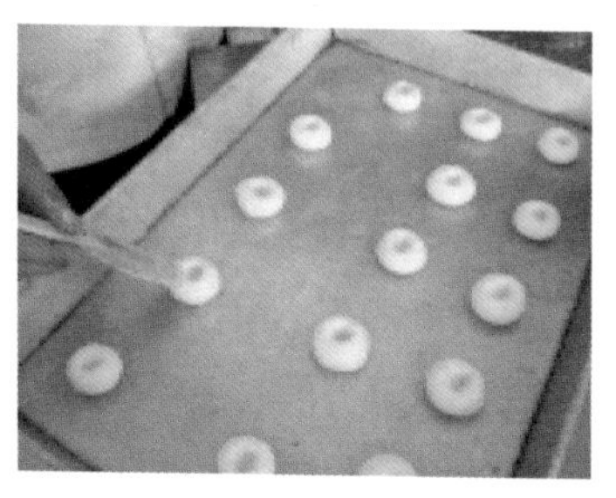

（8）

核桃酥的制作

重点难点分析

（1）搓擦时，砂糖不宜融化过多，否则造成皮过软，泻身大。

（2）加入面粉后不能“搓”，要上下折叠，不能使面粉产生筋性。

（3）掌握烘烤温度，炉温高，泻身小，炉温低，泻身大。

2. 鲍鱼酥

鲍鱼酥

鲍鱼酥配方

原料		重量（g）
A	低筋面粉	700
	猪油	100
	细砂糖	100
	水	200
B	低筋面粉	1000
	猪油	100
	细砂糖	250
	盐	8
	臭粉	4
	苏打粉	8
	南乳	80
	水	250
	蒜蓉	35

制作过程

工艺流程：制作水皮面团 → 制馅 → 成型 → 冷冻 → 切片 → 油炸。

① A 部分所有原料搅拌成光滑的白色面团，松筋 10 分钟。

② B部分低筋面粉、臭粉、苏打粉过筛，然后与所有原料搅拌成红色面团，松筋10分钟。

③ A 部分白色面团擀开，厚约 0.2 厘米；B 部分红色面团擀开，同白色面皮一样大小，平铺在白色面皮表面。

④ 表面扫上清水卷起，直径约 5 厘米，用保鲜膜包好，放入冰箱冻硬。

⑤ 取出切成 0.2~0.3 厘米厚的薄片，放在薄膜上，倒入油锅中炸熟。

（1）（2）（3）（4）（5）（6）

鲍鱼酥的制作

重点难点分析

（1）面团不能太软，否则难以成型、切片，并且炸制时间长，易焦黑。

（2）最好放入冰箱冻硬后再切片，切片要求厚薄均匀。

（3）正确控制油温，温度太低成品容易碎，油温太高成品不卷曲、不松脆。

3. 萨其马

萨其马

萨其马配方

原料	重量（g）
高筋面粉	5000
蛋白粉	300
臭粉	20
食粉	25
泡打粉	50
鸡蛋	4000
粗砂糖	7500
麦芽糖浆	2500
葡萄糖浆	2500
白奶油	250
水	2000
盐	50

制作过程

工艺流程：打皮 → 静置 → 压面 → 切条 → 油炸 → 煮糖浆 → 上糖浆 → 晾凉 → 切件。

（1）制作坯条

① 先将高筋面粉、蛋白粉、泡打粉、臭粉、食粉过筛，投入搅拌桶。

② 加入鸡蛋，搅拌成团，使鸡蛋被完全吸收。盖上保鲜膜，放在一边静置约2个小时。

③ 静置好的面团用压面机压至光滑、松筋。

④ 用开酥机或压面机压成 0.1 厘米厚的薄片，切成条。

⑤ 放到温度为 170℃ ~180℃的油中炸至浅黄，捞起，沥干油备用。

（2）煮糖浆

将水煮沸，放入粗砂糖，收慢火，煮化，加入麦芽糖浆、葡萄糖浆、白奶油、盐，小火煮至 125℃ ~130℃。

（3）上糖浆

① 取烤盘一个，扫上一层油，撒上椰蓉、青葡萄干（产自我国新疆的葡萄干最好）。

② 先将坯条倒入扫油的容器中（如大铁锅，放置于桶上面），趁热倒下糖浆，用扫油的锅铲来回搅匀，之后倒进撒椰蓉的烤盘中，稍压实、压平，待晾凉后切件。

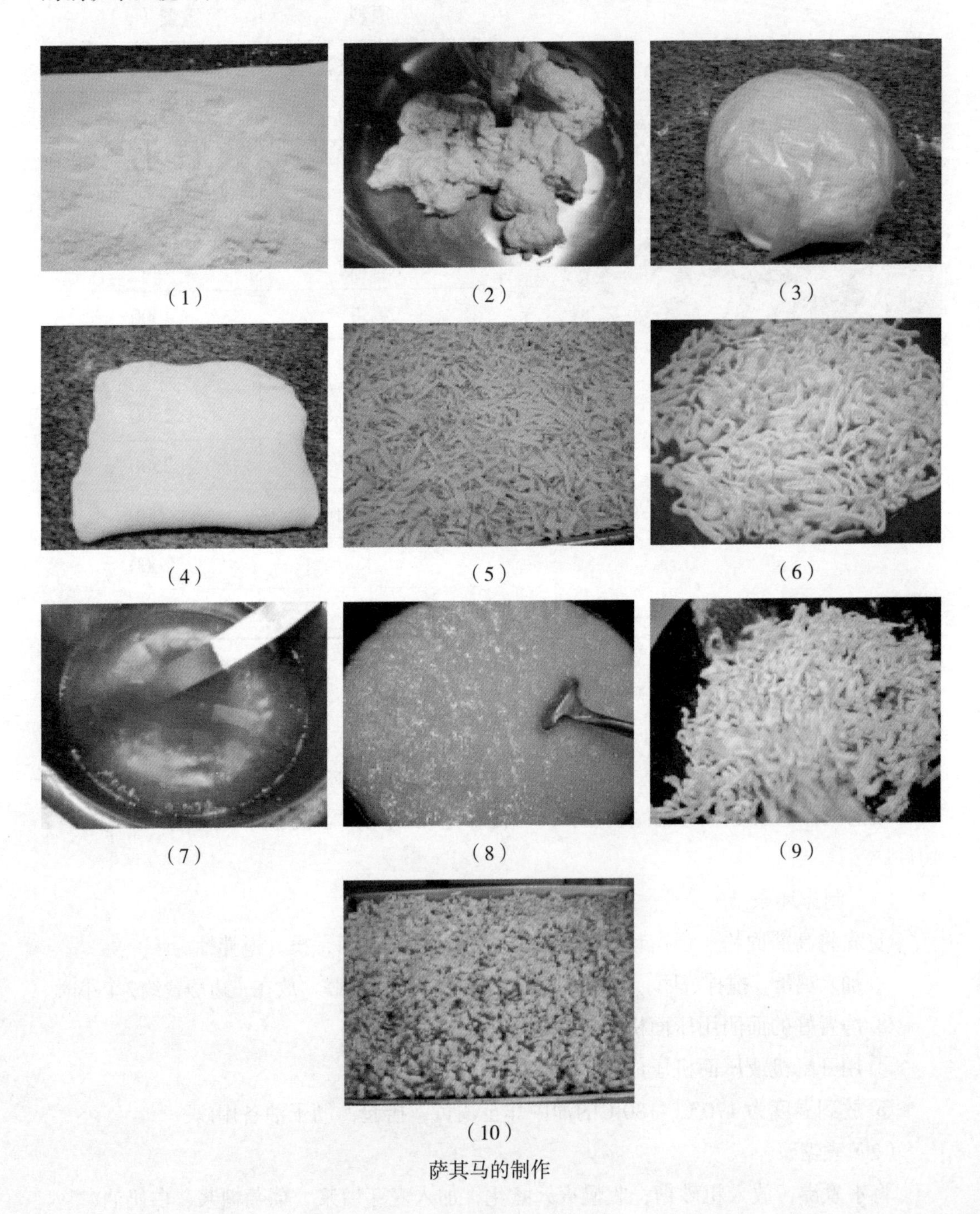

（1）　（2）　（3）　（4）　（5）　（6）　（7）　（8）　（9）　（10）

萨其马的制作

重点难点分析

（1）掌握坯条的厚度，坯条过薄上糖浆时易破碎，坯条过厚不容易炸透，且成品不够松化。

（2）坯条不宜切过长或过短，坯条过长，上糖浆时坯条易碎，坯条过短，糖浆用量多且口感粘牙。

（3）掌握炸制的油温，油温高，坯条易上色，制品呈黄色，不够洁白；油温低，坯条起发不好。

（4）鉴别糖浆熬制情况最好用温度计和糖度计，糖浆熬至119℃左右，传统的鉴别方法并不科学。

4. 鸡仔饼

鸡仔饼源于成珠茶楼所产的“小凤饼”，其历史悠久，远近驰名。据记载，它是由成珠茶楼原主人伍紫垣的婢女小凤创制，故名“小凤饼”；又因成珠茶楼以“小鸡”为记，而广州人称“小鸡”为“鸡仔”，故又名“鸡仔饼”。

鸡仔饼

鸡仔饼配方

原料		重量（g）
饼皮	低筋面粉	500
	月饼糖浆	150
	麦芽糖浆	150
	枧水	7.5
	砂糖	100
	花生油	150
馅料	冰肉	1000
	花生	100
	芝麻	50

续表

原料		重量（g）
馅料	熟面粉	150
	南乳	15
	味精	25
	盐	15
	蒜蓉	15
	五香粉	5
	食粉	5
	瓜子仁或五仁馅	适量

制作过程

工艺流程：打皮→制馅→包饼→切件→上盘→扫蛋→烘烤。

（1）制作饼皮

① 先将低筋面粉过筛，开窝。

② 放入月饼糖浆、麦芽糖浆，加入枧水搓均匀，加入砂糖、花生油，充分混合均匀。

③ 埋粉，搓至光滑，放在一边静置约30分钟，便成鸡仔饼皮。

（1）

（2）制作饼馅

① 冰肉（冰肉制作方法见重点难点分析）切成玉米大小的粒；花生烤熟，压碎；芝麻、瓜子仁或五仁馅烤熟备用。

② 把馅料部分所有原料混合均匀即可。

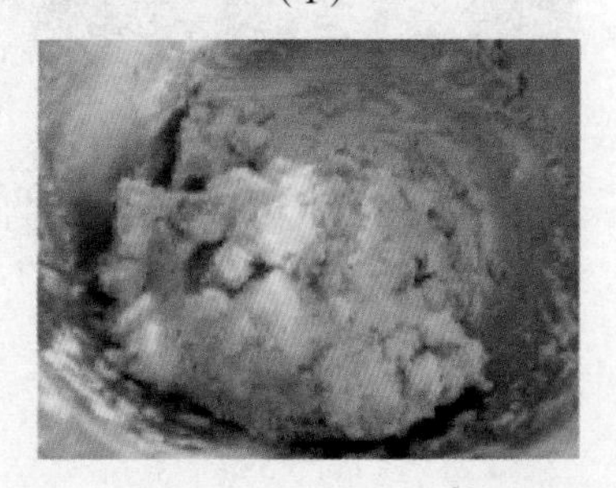

（2）

（3）成型

① 取皮200g，开薄，包入馅料300g，收紧口，搓成长条（皮:馅=2 : 3）。

② 用刀切成18g/个的小剂子，上盘，用手指压成圆饼状。

③ 扫蛋液，入炉以185℃ /170℃的炉温烤熟。

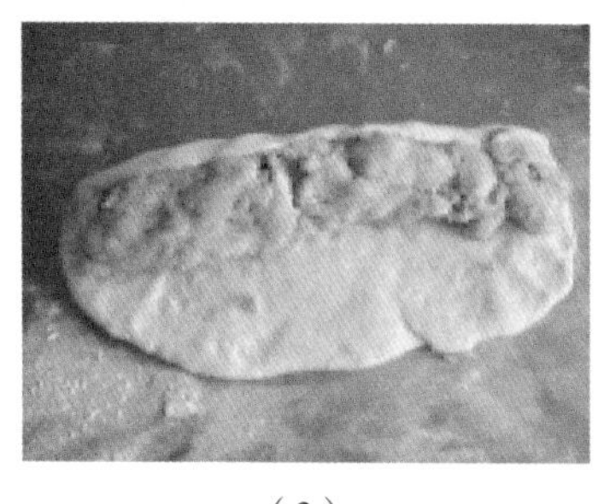

（3）

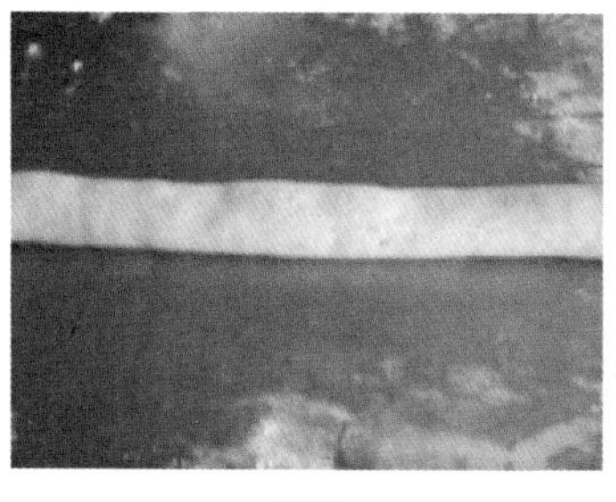

（4）

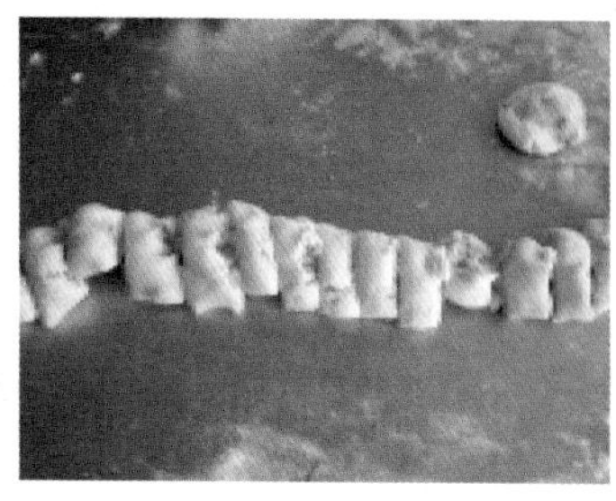

（5）

鸡仔饼的制作

冰肉的制作

（1）冰肉是制作鸡仔饼、五仁月饼必备的材料，它晶莹剔透，肥而不腻。

配方：肥猪肉1000g、砂糖1000g、白酒适量（最好为汾酒），即肥猪肉与砂糖的比例为1∶1。

肥猪肉切成丁，加入砂糖，白酒拌匀，腌制5~7天。冰肉不用放入冰箱，放在阴凉处，可长时间保存而不变质，并且存放时间越长，冰肉越晶莹剔透，效果越好。

（2）在馅料中可以适量加入五仁馅，鸡仔饼最初创制时都加有五仁馅、梅干。

（3）掌握好炉温，烘烤温度不宜过高，产品要求色泽金黄、甘香酥脆。

第三节　月饼制作技术

月饼是我国中秋节的传统食品，月饼最初是用来祭拜月神的祭品，后来人们逐渐把中秋赏月与品尝月饼作为家人团圆的象征，慢慢地月饼也成了节日的礼品。月饼发展到今天，品种繁多，风味因地各异，如京式、苏式、广式、潮式等月饼为我国各地的人们所喜爱，其中，广式月饼更是以考究的用料、精细的工艺、纯正的风味成为月饼家族的佼佼者。

一、广式糖浆皮

1. 原料的选择

月饼皮的原料主要有：

枧水

① 面粉。用 80% 低筋面粉加 20% 的高筋面粉。饼皮要有一点筋度，但又不能起筋，否则会渗油，影响成品的光泽度。面粉最好过筛，使其膨松，这样有利于糖浆的吸入，回油更快，更松软。

② 糖浆。糖浆由砂糖、水加柠檬酸煮成。

③ 枧水。

④ 油。最好用花生油。

⑤ 吉士粉。

月饼馅的种类主要有莲蓉、豆沙、五仁、各式水果馅等（月饼馅料的制作已经有标准的工业模式，少量制作成本高、效率低，因此本书对馅料的制作技术不再讲述）。

2. 糖浆工艺特征

糖浆是广式月饼的灵魂，是月饼制作成败的关键，好的月饼糖浆色泽金黄，晶莹有光泽，略呈透明状。

（1）糖的转化与结晶

糖易溶于水而形成糖溶液，常温下，2 份糖可溶于 1 份水中，形成饱和溶液。在加热条件下，糖液中的含糖量甚至可达到水量的 3 倍以上，即为过饱和溶液。当它受到搅动或经放置后，糖会发生结晶从溶液中析出，这种现象称为糖的重结晶作用，俗称糖的返砂。而熬制月饼糖浆正是要抑制这种结晶返砂作用。

糖液在加热沸腾时，蔗糖分子会水解为 1 分子果糖和 1 分子葡萄糖，这种作用称为糖的转化，两种产物合称为转化糖，月饼糖浆正是以这两种糖为基础的糖溶液，因此月饼糖浆也叫转化糖浆。糖的转化程度对糖的重结晶性质有重要影响。因为转化糖不易结晶，所以转化程度越高，能结晶的蔗糖越少，糖的结晶作用也就越低。控制转化反应的速度能在一定程度上控制着糖的结晶。酸（如柠檬酸）可以催化糖的转化反应，葡萄糖的晶粒细小，两者均能抑制糖的结晶，所以在熬制糖浆时都要加入适量的柠檬酸和葡萄糖浆或麦芽糖浆。

（2）糖浆沸腾过程与特征

糖浆在熬制沸腾过程中，水分不断蒸发，糖液浓度逐渐升高，变得越来越黏稠，糖浆浓度和沸点成一定的对应关系。除了使用糖度计测定外，还可以由糖浆的物理特征来判断糖浆的温度及浓度，从而掌握糖浆熬制是否已达到所要求的温度。

下面介绍用观察法来鉴别糖浆熬制的若干阶段及相应的温度。

① 开始沸腾阶段。糖浆温度为 104.5℃，糖液起泡。

② 成线阶段。糖浆温度为 107℃，用食指接触糖浆表面后，再与拇指合拢，然后分开两指，可以将糖浆拉成一条有伸缩性的细糖线。

③ 珍珠阶段。糖浆温度为 110℃，鉴别方法同上；当线断裂时，在末端可形成一颗液珠。

④ 吹动阶段。糖浆温度为 113℃，用一个金属丝圈伸进糖浆后再拿出来，圈中可形成一层薄膜，而且薄膜能被轻轻吹动。

⑤ 羽毛阶段。糖浆温度为 115℃，糖浆薄膜能被吹成一片羽毛状。

⑥ 软球阶段。糖浆温度为 118℃，蘸少许糖浆，滴入冷水，用两手指捏住糖滴，当手指轻轻搓动时，可感到指间的糖浆形成了一个有可塑性的软球。

⑦ 硬球阶段。糖浆温度为 121℃，方法同上，糖浆形成坚实的硬球。

⑧ 软壳阶段。糖浆温度为 132℃ ~ 138℃，糖球表面有一层薄壳，且会轻微破碎。

⑨ 硬壳阶段。糖浆温度为 138℃ ~ 154℃，糖球表面结成一层厚壳，需用较大的力量才能使其破碎。

⑩ 焦糖阶段。糖浆温度为 154℃ ~ 180℃，糖变成琥珀色，并随温度升高由浅变深。

3. 月饼糖浆的生产方法

月饼糖浆

月饼糖浆配方

原料	用量
砂糖	100g
清水	40~50g
柠檬酸	25~50g
柠檬	5 个

制作过程

① 清水放入锅中大火烧开，加入砂糖，一边煮一边用木棍顺着一个方向搅动，以免粘锅，当沸腾之后停止搅动。

② 调小火，继续熬制，在此沸腾过程中，如锅边出现糖的结晶，可用少量水将其冲洗进糖液，并随时撇去表面浮沫。

③ 约 1 个小时后，柠檬切成片加入，继续小火熬制。

④ 当糖液温度升至 115℃时（从糖液沸腾到此温度需要 2~2.5 小时，如果时间短，表明火力太大；如果时间长，则表明火力小，无论是时间过长或过短，对糖浆品质都有影响），柠檬酸用少许水化开，小心加入，防止糖飞溅。

⑤ 再煮 30 分钟，此时糖液温度为 117℃ ~118℃，用糖度计测量，糖度在 76~80° Be'，表明糖浆已经熬制成功，关火冷却。

⑥ 取食品桶一个，月饼糖浆用细筛过滤后倒入食品桶，放置 15 天左右才可使用。

（1）要选用晶粒均匀、松散的粗砂糖，因为粗砂糖是用甘蔗提取炼制的一种双糖，甜度高，无杂味，易溶于水，这种糖是制作广式月饼的最佳原料。其他糖，如黄糖、红糖、冰糖等，因为杂质多或色泽不佳，都不如粗砂糖好。

（2）煮糖时加入柠檬酸，不仅能促使糖的转化，还能使月饼皮回油快，色泽金黄发亮，但是如果用量过多会影响口味。

（3）传统鉴别糖浆熬制成熟的方法：① 从观感上看，用锅铲把糖浆提起时从铲角边流下的糖浆呈棱形，流到最后一滴时有回缩力。② 从触感上分析，用手指蘸上糖浆做开合动作时，有黏稠感，冷却后的糖浆用手搅动时有一定阻力。

（4）糖浆浓度过低，则面粉的受糖量相对减少，搓皮时水分大，筋度增加，月饼容易离皮，即常说的“脱壳”，并且不易上色，饼边灰白；若糖浆浓度过高，面粉的受糖量相对增大，则导致成品烘熟后容易泻脚、焦黑等。

4. 饼皮制作

（1）基本配方

饼皮的配方

原料	重量（g）
月饼专用粉	500（或低筋面粉 450g，高筋面粉 50g）
吉士粉	25
糖浆	375
枧水	6~8
花生油	125

（2）制作过程

① 月饼专用粉、吉士粉过筛备用。

② 糖浆投入搅拌桶，加入枧水，用桨形搅拌器中速搅拌均匀。

③ 加入花生油，搅拌均匀。

④ 加入月饼专用粉充分混合，拌匀，静置 1~2 小时才能使用。

（1）　（2）　（3）

（4）　（5）

饼皮的制作

二、莲蓉月饼

原料：广式糖浆月饼皮 360g、白莲蓉 1360g、咸蛋黄 10 个、蛋黄 3 个、全蛋 1 个、盐少许。

60g 迷你莲蓉月饼

180g 蛋黄莲蓉月饼

制作过程

① 白莲蓉分成136g/个，稍搓成圆球，在上端放一个咸蛋黄，咸蛋黄稍微露出一点。

② 饼皮压薄，放上馅料，均匀包起，收口。

③ 饼模拍上一点粉，放入包好的面饼，先压紧四边，再压平中间。

④ 将面饼小心印出形状，放入烤盘，注意面饼之间要留有一定的距离。

⑤ 面饼表面喷上一层水雾，入炉以220℃/170℃的炉温烤至米黄色，出炉冷却，时间约15分钟。

⑥ 取蛋黄、全蛋，加入少许盐，打散，过筛。用毛扫在面饼表面凸起的花纹处均匀扫一遍，在通风处吹干，再扫一遍。

⑦ 入炉以210℃/170℃的炉温烤至金黄色，时间约13分钟。

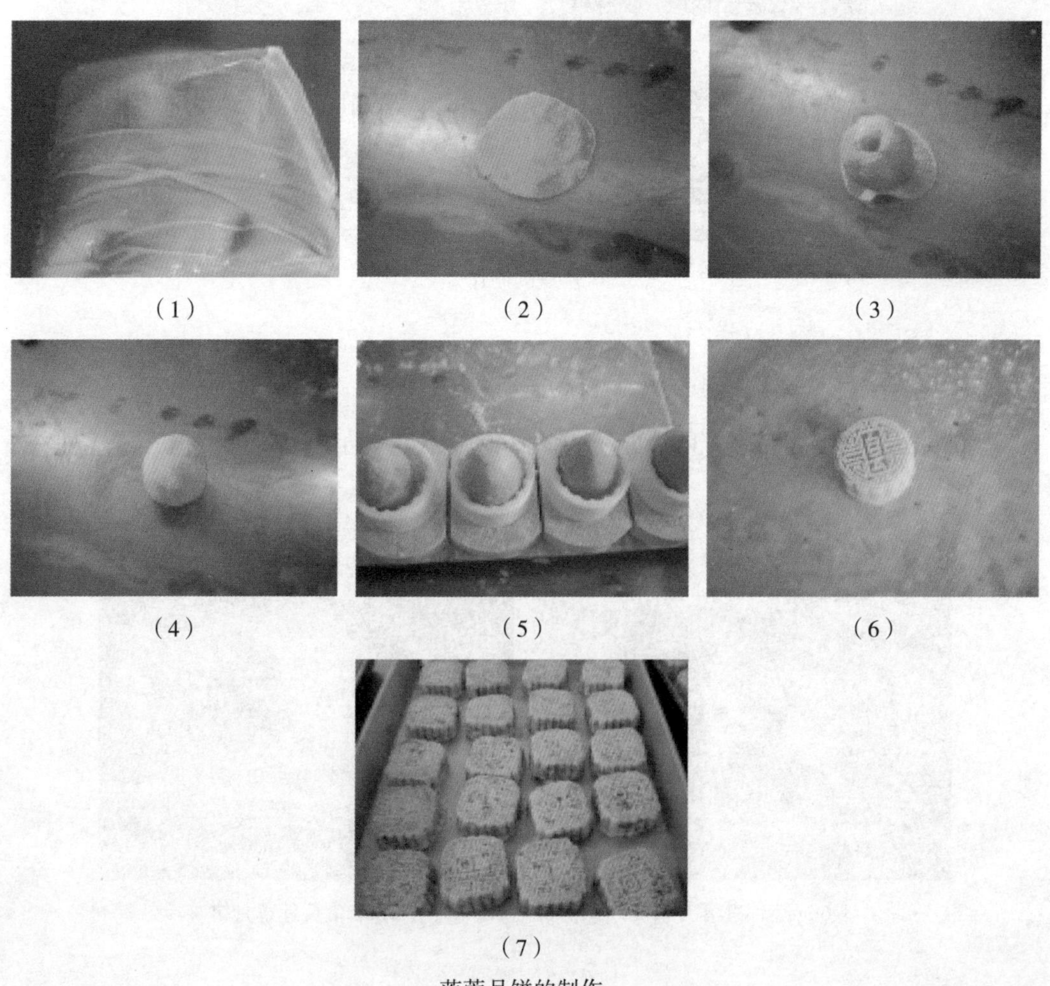

（1）　（2）　（3）

（4）　（5）　（6）

（7）

莲蓉月饼的制作

三、五仁月饼

五仁月饼

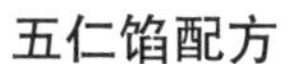

五仁馅配方

原料		重量（g）
A	葵花籽仁	500
	核桃仁	575
	杏仁	400
	西瓜子仁	1350
	橄榄仁	375
B	糖	1200
	山橘	300
	五香粉	50
	玫瑰露酒	200
	玫瑰糖	190
	酥姜	190
	冬蓉	1250
	生抽	200
	味精	50
	盐	70
	冰肉	1500
	金华火腿	350
	叉烧肉	1500
	水	1400
	芝麻油	250
	花生油	350
C	糕粉	1400

制作过程

（1）五仁馅制作工艺

① A 部分所有果仁烤熟备用。

② 金华火腿用压面机压成丝状，叉烧肉切成玉米大小的肉粒。

③ 山橘切碎备用，冰肉切成肉粒。

④ A、B 部分所有原料投入搅拌机，中速搅拌均匀，加入糕粉，充分混合均匀即可。

（2）成型与烘烤

月饼皮分成 54g/ 个，五仁馅分成 126g/ 个，包饼 → 成型 → 烘烤（参考莲蓉月饼）。

（1）

（4）

（3）

（2）

五仁月饼的制作

重点难点分析

（1）五仁月饼有很多种，大致分为咸和甜两大类，咸五仁以金华火腿五仁为代表，甜五仁以各式水果五仁为代表。

（2）月饼五仁馅的成本主要在果仁，特别是核桃仁、橄榄仁价格比较高，而西瓜子仁相对便宜，生产时可以根据市场情况加以调节。

（3）现在制作五仁馅都加入适量冬蓉，可以减轻馅料的硬度，增强馅料的黏度，有利于成型，特别适合大型企业机械化生产。

四、酥皮月饼

传统月饼都比较甜，不大适合现代人的饮食习惯，酥皮月饼用的饼皮是采用一种油酥面团，它类似于西式点心凤梨酥，口感酥脆，有浓郁的奶油香味，并且甜度低，与广式月饼的馅料搭配，可以减少传统月饼给人带来的甜腻感。

60g 酥皮莲蓉月饼

酥皮月饼皮配方

原料	重量（g）
酥油	500
糖粉	300
蛋液	250
奶粉	100
吉士粉	100
低筋面粉	1000

制作过程

（1）饼皮制作流程

①酥油、糖粉高速搅拌至松发。

②分次加入蛋液，高速搅拌，充分打发。

③加入奶粉和吉士粉搅拌均匀，冷冻备用。

（2）成型与烘烤

①低筋面粉过筛，加入搅拌好的浆料，搓匀。

②皮分成18g/个，莲蓉馅分成38g/个，咸蛋黄半个，包饼→成型（参考莲蓉月饼）。

③制作好的面饼扫蛋黄 1 次（参考莲蓉月饼），入炉以 220℃ /180℃的温度烘烤至金黄色。

（1）　（2）　（3）　（4）　（5）

酥皮月饼的制作

重点难点分析

（1）浆料制作完成后，先不要加面粉，放入冰箱冷冻备用，使用时再加面粉，并且制作好的酥皮尽量在1个小时内用完，这是因为长时间放置面粉中的蛋白质吸收水分，酥皮面团会产生筋度，质地变硬，操作起来会更困难。

（2）酥皮月饼饼坯在烘烤前扫一次蛋黄即可，烘烤时间控制在15分钟左右，时间太长饼会爆裂。

五、广式月饼常见的问题分析

（1）月饼图案花纹不清的原因：

① 印模花纹缝隙有污垢。

② 月饼进炉时没有喷水或喷水过多。

③ 扫蛋太多或蛋没打散。

④ 糖浆浓度太高。

（2）成品泻脚、歪斜、爆裂、脱壳的原因：

① 糖浆浓度不够，煮得太稀或转化不够。

② 饼皮和得太软。

③ 馅（如五仁馅）太稠或太稀。

④ 用手粉太多。

（3）回油太慢或不好的原因：

① 馅的质量不好，特别是蓉沙类馅料。

② 饼皮内油的质量不好或太少。

③ 糖浆浓度不够。

④ 饼皮的酸碱度未掌握好，枧水投放量少。

（4）蛋黄发霉的原因：

① 蛋黄未经处理，要加入保鲜剂后再烘烤。

② 月饼烘烤时间短，炉温太高，中心温度不够（85℃以上），特别是重量比较大的月饼。

第四节　法式千层糕、凤梨酥

1. 法式千层糕

法式千层糕

法式千层糕配方

原料		用量
皮	砂糖	100g
	牛奶	400g
	鸡蛋	3 个
	生粉	30g
	低筋面粉	160g
	融化后的黄油	50g
馅	砂糖	30g
	淡奶油	200g
	奶粉	50g
	榴梿肉	200g

制作过程

工艺流程：制作饼皮 → 制作馅料 → 装饰。

（1）制作饼皮

① 准备一个碗，加入鸡蛋、砂糖，搅拌均匀。

② 低筋面粉及生粉过筛，加入蛋液，搅拌均匀。

③ 慢慢加入牛奶，一边加一边搅拌，搅拌至没有颗粒。

④ 面糊用漏斗过滤，确保面糊光滑细腻。

⑤ 加入融化后的黄油拌匀，放入冰箱冷藏 30 分钟。

⑥ 用中低火烧热平底锅，刷上一层油，舀一勺面糊，将一面煎至金黄色，重复至所有面糊用完，晾凉备用。

（2）制作馅料

① 将榴梿肉放入搅拌机稍微搅拌。

② 淡奶油、砂糖加入搅拌机，打至挺身。

③ 慢慢加入奶粉、搅拌后的榴梿肉，拌匀。

（3）装饰

① 将一块饼皮放在转盘上，涂上榴梿淡奶油，放上另一块饼皮，重复至理想厚度。

② 用保鲜膜包好，放入冰箱冷藏最少 3 个小时，或直至定型，切件，即成。

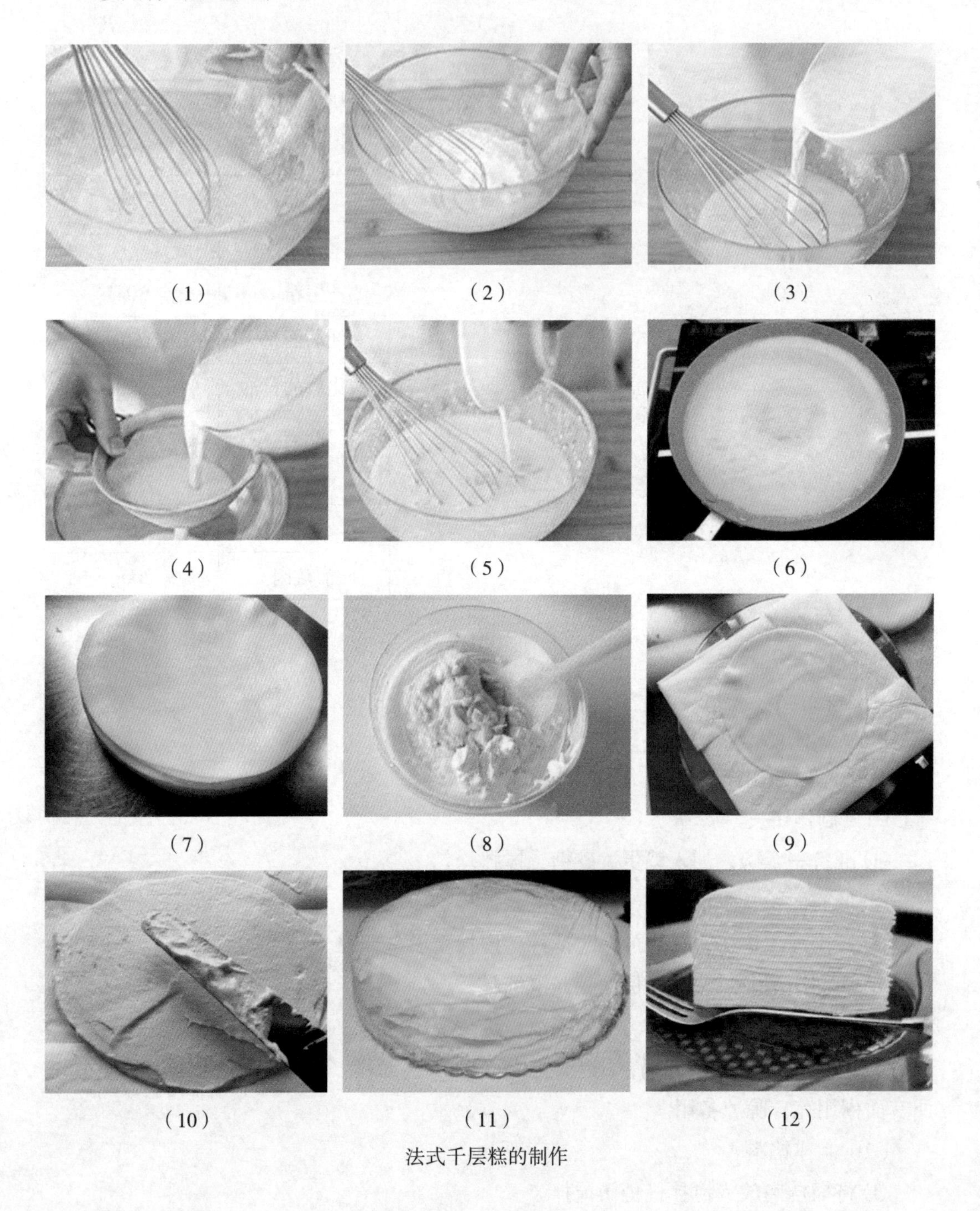

法式千层糕的制作

重点难点分析

（1）生粉即土豆淀粉，生粉在常温下吸水量非常小，当温度上升到60℃时，淀粉糊化，能够吸附大量水分，使千层皮薄而有韧性。

（2）在煎制时，用小火，尽量少用油，用油过多千层皮会起气泡，影响外观。

（3）冷藏温度不宜过低，不能产生冰晶，1℃～5℃最佳。

2. 凤梨酥

凤梨酥

凤梨酥配方

原料		重量（g）
皮	黄奶油	600
	糖粉	400
	鸡蛋	6个
	低筋面粉	1000
	玉米淀粉	400
	奶粉	50
	吉士粉	40
馅	凤梨	1800
	砂糖	300
	麦芽糖	50
	柠檬汁	10
	糯米粉	80
	水	80
	奶油	80

制作过程

工艺流程：制作凤梨酥皮 → 制作馅料 → 成型 → 烘烤。

（1）制作凤梨酥皮

① 黄奶油、糖粉放入搅拌机，用中速打至发白。

② 分次加入鸡蛋，慢速搅拌均匀。

③ 低筋面粉、奶粉、玉米淀粉、吉士粉过筛，慢速加入，搅拌均匀。

（2）制作馅料

① 凤梨刨成丝，放入厚底锅，加入砂糖、麦芽糖、柠檬汁，中火炒制。

② 收干水分，糯米粉加水搅拌成粉浆，放入炒锅中，炒制馅料干身，不沾手。

③ 加入奶油，搅拌均匀。

（3）成型、烘烤

① 分成皮 22g、馅 12g（饼皮:凤梨馅 =2:1），包成圆形，模具先放入烤盘，包好的饼坯压入模具，表面压平。

② 烘烤，入炉以 180℃ /150℃的炉温烤熟。

（1）　（2）　（3）

（4）　（5）　（6）

（7）　（8）　（9）

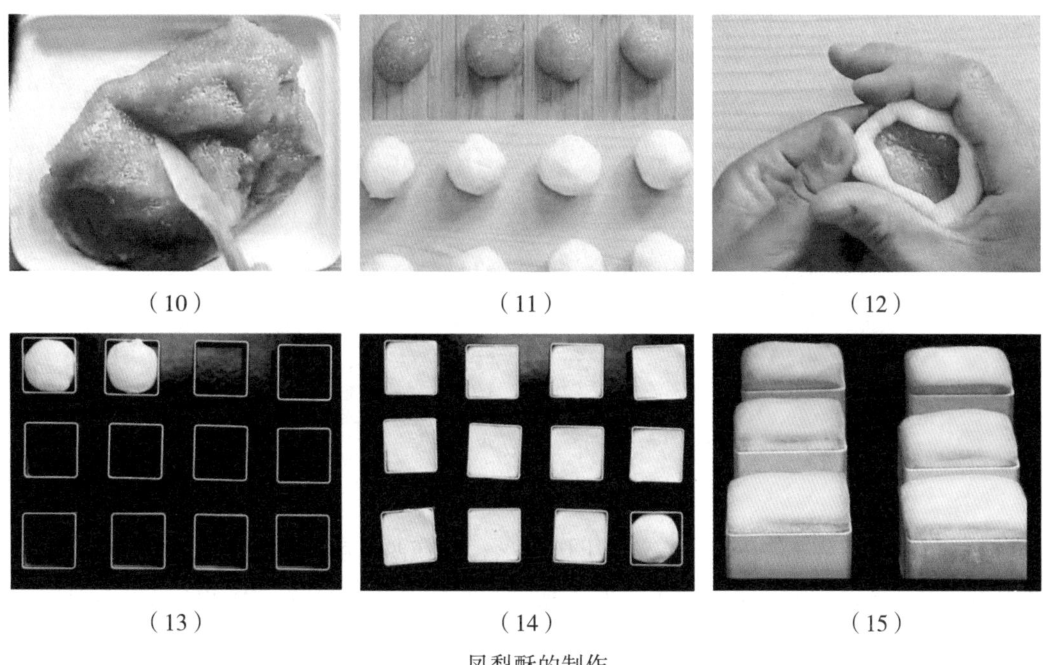

（10）　（11）　（12）

（13）　（14）　（15）

凤梨酥的制作

声　明

《面包制作教程》（主编马庆文、王庆活）、《蛋糕西饼制作教程》（主编王晓强、杨文娟），两本书是在王晓强协调下，四人联合编写的系列化教材，因此，书中涉及原材料的选择与使用内容，存在相同部分，两本书作者有交叉授权，特此声明。

王晓强　马庆文

2020 年 12 月 6 日